MIAS Pferdewelt

Glaub an deinen Traum!

MIA BENDER

mit Karen Christine Angermayer

SCHNEIDERBUCH

1. Auflage 2022
Ungekürzte Ausgabe

Fotos auf den Seiten 3, 24 unten, 38, 56, 68, 73, 80, 87, 121 unten, 127, 133, 148, 151 von Maribel Todt,
YouTube: Maribel Todt, Instagram: @maribeltodt
Umschlag- und Innengestaltung sowie Illustrationen
von BUCH & DESIGN Vanessa Weuffel
Druck und Bindung: CPI books GmbH, Leck
Printed in Germany • ISBN 978-3-505-15001-2

www.dragonfly-verlag.de
Facebook: facebook.de/dragonflyverlag
Instagram: @dragonflyverlag

Klimaneutral
Druckprodukt
ClimatePartner.com/15109-2009-1001

MIX
Papier
FSC® C083411

Inhaltsverzeichnis

Hallo, ICH BIN MIA UND ICH *liebe* PFERDE!

SEIT VIER JAHREN ist meine Ginimaus bei mir, wie du vielleicht schon weißt, wenn du meinen YouTube-Kanal kennst. Außer Gini habe ich noch einen Hund und zwei Katzen. Früher hatte ich auch Kaninchen und einen Hamster (Hilfe, Zoo-Alarm!). Ich liebe einfach alle Tiere. Pferde sind für mich aber schon immer etwas Besonderes gewesen. Denn ein Pferd kann man umarmen wie einen Menschen. Das finde ich wunderschön.

Seit ich denken kann, wollte ich ein eigenes Pferd haben. Meine Eltern haben natürlich erst mal Nein gesagt, als ich ihnen davon erzählt habe. Aber ich wollte es unbedingt. Dieser Wunsch hat mich einfach nicht mehr losgelassen. Wie mein Traum dann doch endlich wahr wurde und wie das echte Leben mit einem Pferd so ist, davon erzähle ich dir in diesem Buch.

Viel Spaß beim Lesen!

DEINE MIA

PS: Wenn du selbst so pferdeverrückt bist wie ich, kennst du die Begriffe, die ich ab und zu verwende, wahrscheinlich schon. Wenn du sie nicht kennst, dann schlag einfach hinten im Buch nach. Ich habe dir ein kleines Mini-Lexikon zusammengestellt.

PPS: Auf YouTube und Instagram findest du mich unter miaspferdewelt. Auf YouTube habe ich auch eine Playlist zum Buch für dich zusammengestellt. Schau mal rein! ;-)

MEIN STECKBRIEF

ICH BIN …

… ein sehr offener Mensch und komme gerne mit anderen in Kontakt.

… sehr schnell begeistert über alle möglichen Sachen.

… ziemlich hartnäckig, wenn ich etwas unbedingt wissen oder haben will.

… und total ungeduldig!!!

WAS ICH GERNE MACHE, WENN ICH NICHT REITE …

… ist singen und dabei Klavier spielen.

… Sport, zum Beispiel Turnen.

ICH ESSE GERNE …

… Obst! Ich liebe es, mich danach so schön frisch zu fühlen. Wenn ich mich längere Zeit nicht gut ernähre, bekomme ich ein voll schlechtes Gewissen (stimmt wirklich).

MIR IST ES WICHTIG …

… viel Zeit mit meinen Freunden zu verbringen.

… gute Noten in der Schule zu haben.

… dass es in meiner Umgebung schön aufgeräumt ist.

ICH MAG ES …

… wenn Frieden ist. Streit mag ich überhaupt nicht. Am liebsten wäre es mir, wenn auf der ganzen Welt immer Frieden wäre.

YAY!

BONITA UND ICH

ERSTER RITT AUF HEKLA

1 WIE ALLES BEGANN: MEINE ERSTEN Pferde-ERLEBNISSE

MEINE ERSTEN PFERDE

Beim Reiten kann ich alles um mich herum vergessen: die Schule, den Alltag, den Stress ... Beim Reiten fühle ich mich völlig frei und entspannt. Es ist einfach das Schönste, was es gibt!
Seit ich denken kann, war ich immer in der Nähe von Pferden. Schon als ich noch ein ganz kleines Baby war, hat mich meine Mutter in einem speziellen Tragegurt mit in den Stall genommen. Ich kann mich natürlich nicht daran erinnern, aber sie hat es mir erzählt. Ich finde es toll, dass sie das gemacht hat. Mit mir auf dem Rücken war das Ausmisten noch anstrengender als sonst, aber sie hat es durchgezogen! Meine Mutter ist nämlich auch so pferdeverrückt wie ich. Kein Wunder also, dass ich schon als Baby so viel Stallluft geschnuppert habe und jetzt total infiziert bin. :)
Als ich ein paar Monate älter war und schon alleine sitzen konnte, hat mich meine Mutter beim Reiten vor sich auf den Sattel gesetzt und festgehalten. Später durfte ich dann ganz alleine sitzen, meine Mutter ist nebenhergelaufen und hat das Pferd geführt.
Ihr Pferd hieß Zafiro und war ein Silberschimmel. Ich weiß noch, dass ich den beiden immer ganz begeistert zugeschaut habe im Reitstall. »Ich will auch mal draufsitzen!«, habe ich gerufen. Wenn sie fertig waren, durfte ich meinen Helm holen und kurz auf Zafiro sitzen, bevor wir wieder nach Hause gefahren sind. Damals war ich ungefähr vier Jahre alt. Sogar ein, zwei Galoppsprünge hat mich meine Mutter mit Zafiro machen lassen. Sie hat

ihn dabei natürlich an den Zügeln festgehalten und ist nebenhergelaufen.
Zafiro war ein sehr unberechenbares Pferd. Es wurde im Laufe der Zeit immer schwieriger mit ihm. Meine Mutter hatte ihn sechs Jahre, doch wir konnten ihn so leider nicht behalten und mussten ihn wieder abgeben. Für mich als kleines Kind wäre es zu gefährlich gewesen, alleine auf Zafiro zu reiten.
Eine Freundin meiner Mutter hatte zum Glück einen Stall mit Isländer-Ponys ganz in der Nähe von uns. Mit sieben Jahren durfte ich dort eine Ponystute reiten, die schon 32 Jahre alt war und sehr entspannt: Sie hieß Hekla und war auch ein Schimmel. Meine Mutter hat Hekla immer am Strick geführt, wenn ich auf ihr saß. Richtigen Reitunterricht habe ich erst später bekommen. Doch ich war so glücklich, denn ich saß auf einem Pferd!

HUFE AUSKRATZEN BEI BONITA

Schon damals habe ich es geliebt auszureiten. Beim Ausreiten kann man so viel sehen und am allerbesten entspannen, finde ich. In freier Natur zu sein fand ich persönlich auch immer schöner als das Reiten in der Halle. Wobei ich natürlich JEDE MINUTE, die ich mit Pferden zusammen war, genossen habe – egal ob drinnen oder draußen. :)

Meine allererste blau-braune Schabracke aus der Zeit mit Hekla habe ich immer noch. Ich weiß noch, dass ich damals total stolz war, eine eigene Schabracke zu brauchen. Etwas für »mein« Pony zu kaufen, war ein sehr besonderer Moment für mich.

Weil wir gar nicht so oft zu Hekla fahren konnten wie ich gerne gritten wäre (also eigentlich immer!), habe ich zu Hause »Pferd« gespielt. Mit genau dieser Schabracke, meinen Gummistiefeln und einem Helm auf dem Kopf bin ich die Treppe in unserer Wohnung rauf- und runtergerannt. Und weil ich kein eigenes Pferd hatte, hab ich einfach meinen Hund Barney an einem Seil geführt. Das Seil war die Longe. Barney ist bei uns im Wohnzimmer im Kreis gelaufen, und ich hab ihn longiert. Manchmal habe ich auch eine Besenstange zwischen zwei Stühle draußen im Garten gelegt, und Barney musste drüberspringen. Ab und an saß ich sogar auf ihm drauf (er ist recht groß, und ich war ja noch sehr klein).

Dass er das alles mitgemacht hat! Er ist echt ein geduldiger Hund. Barney war also mein erstes »Pferd«. Was tut man nicht alles, wenn man einen großen Wunsch hat.

ERSTE EINKAUFSLISTEN FÜR MEIN PFERD (DAS ICH NOCH GAR NICHT BESASS)

Es gibt ja diese Kataloge mit Pferdezubehör, Reitklamotten usw. Darin hab ich damals schon stundenlang geblättert und mir ausgemalt, was ich alles für mein eigenes Pferd kaufen werde. Neben dem Katalog lag meine »Liste«. Darin hab ich von Hand notiert, was ich unbedingt besorgen muss, mit Artikelnummer, Größe und allem. »Ich brauche genau dieses Halfter mit der und der Nummer und dem und dem Preis.« Ganze Seiten hab ich auf diese Weise vollgeschrieben!

Meine Mutter hat zu der Zeit immer wieder zu mir gesagt, dass das mit einem eigenen Pferd nichts wird. Aber ich hab trotzdem daran geglaubt und schön weiter an meinen Listen geschrieben. Ich habe außerdem genau notiert, wie viel Geld ich schon gespart habe: Jeden einzelnen Cent hab ich in den Schrank gelegt, in dem ich mein Taschengeld aufbewahrte. Manchmal waren es nur fünf Cent. Aber auch die habe ich dazugelegt. Fünf Cent mehr für **MEIN PFERD!**

Eines Tages musste Hekla eingeschläfert werden. Sie war, wie gesagt, schon sehr alt und hatte eine schwere Augenentzündung. Die Besitzerin wollte nicht, dass sie weiter leidet. Ich weiß noch genau, wie schlimm das für mich war, in den Stall zu kommen und Hekla so daliegen zu sehen. Sie lag unter einer Decke. Ich musste so weinen ...
Es tut mir heute immer noch weh, wenn ich daran denke. Schon damals habe ich gemerkt: Es gibt nicht nur die schönen Momente im Stall. Es gibt auch die traurigen, wenn ein Pferd schwer krank ist oder stirbt und man Abschied nehmen muss.

BLITZ – ENDLICH ALLEIN REITEN!

Als ich acht Jahre alt war, habe ich mit dem Reitunterricht in einem anderen Stall begonnen. Meine Mutter hatte, nach einer

Zeit des Abschieds von Zafiro, inzwischen ein neues Pferd: Sie hieß Bonita. Später haben wir sie in den Stall geholt, in dem auch ich geritten bin, damit wir nicht immer zwischen zwei Ställen hin- und herfahren mussten.
Bonita war noch ganz unerfahren und musste erst von meiner Mutter eingeritten werden. Deshalb habe ich auf anderen Pferden reiten gelernt. Das Shetlandpony, auf dem ich zuallererst geritten bin, hieß Blitz. Endlich allein reiten, ohne dass meine Mutter mich festhält – cool!
In dieser Reitschule war es superschön. Sie nannte sich »Ponyclub«, und die Reitlehrerinnen haben den Unterricht sehr spielerisch gestaltet, haben uns zum Beispiel Bälle zugeworfen oder uns Eier auf Löffeln balancieren lassen, während wir auf den Ponys saßen ... Wir sollten einfach erst mal Vertrauen zu den Pferden aufbauen, statt gleich auf eine hundertprozentig richtige Sitzhaltung zu achten. Diese Art, an die Sache heranzugehen, hat mir gut gefallen.

REITSTUNDE MIT SHORTY

Den Lehrerinnen war es auch sehr wichtig, dass wir so oft wie möglich ohne Sattel reiten, damit wir das Pferd richtig unter uns spüren lernen. Das halte ich heute für sehr wichtig, aber damals war für mich »richtiges Reiten« irgendwie nur das mit

Sattel, Trense und Steigbügeln. Ich bin immer viel lieber mit Sattel geritten. Heute ist für mich natürlich alles »richtiges Reiten«, egal ob mit oder ohne Sattel. :)
Ich weiß noch, wie ich meinen ersten Sattel bekam. Wir hatten ihn auf einer Messe gekauft – einen Sattel mit Fell. Ich war so glücklich!
Beim Ausreiten im Freien hat meine Mutter Blitz aber immer noch am Strick gehalten, wenn ich drauf saß. Damals fand ich das ziemlich ätzend – es wirkte so anfängermäßig. Heute denke ich: Gut, dass sie so vorsichtig war. Als sie einmal losgelassen hat, ist Blitz nämlich wahnsinnig schnell geworden.

Auf einer großen Wiese durfte ich dann zum ersten Mal im Gelände galoppieren. Ich weiß noch, wie ich mich erschreckt habe, als Blitz beim Angaloppieren angefangen hat zu bocken. Aber meine Mutter hat mich beruhigt und mir zugerufen: »Alles okay!« Danach konnte es losgehen. Das hat so viel Spaß gemacht, dieser erste Galopp! Ich wollte immer wieder den Berg hochreiten. Es hätte ewig so weitergehen können. Für mich hat sich mein erster Galopp im Freien richtig schnell angefühlt. Wahrscheinlich waren wir in Wirklichkeit im Schneckentempo unterwegs. Aber es hat sich angefühlt wie fliegen.

Was ich an diesem Reitstall außerdem besonders schön fand, war, dass die Reitlehrerinnen uns viel Theorie vermittelt haben. Während ein anderes Mädchen vor mir noch in der Halle geritten ist, habe ich draußen Arbeitsblätter bekommen, zum Beispiel mit Fragen wie: Was ist wichtig im Umgang mit Pferden? Welche Pflanzen sind giftig für Pferde? Was sollte man nicht füttern? Welche Utensilien braucht man für ein eigenes Pferd? Das hat mich natürlich sehr interessiert! Zu Hause hab ich die Arbeitsblätter in einen Ordner abgeheftet und immer noch

MIT BLITZI

FERTIG FÜR'S REITEN

ganz viel zu den Themen ausgedruckt – Informationen, die ich im Internet gefunden habe. Die Druckerpatronen von meiner Mutter waren immer leer. ;)
Schön war auch, dass die Reitlehrerinnen uns manchmal Pferdegeschichten vorgelesen haben. Man konnte in diesem Stall nicht nur reiten lernen, sie haben sich auch ganz viel Mühe gegeben, uns alles rund ums Pferd beizubringen. Und jede Stunde war anders. Ich weiß noch, dass ich jeden Samstag auf der Hinfahrt super aufgeregt war: Was machen wir wohl heute?

ERSTER GALOPP MIT LOTTA

Im selben Stall lebte auch Lotta, eine süße Haflingerstute. Mit ihr hatte ich die ersten Einzelstunden im Reitunterricht. Und mit Lotta

MIT LOTTA IM STALL

bin ich zum ersten Mal richtig in der Reithalle galoppiert – die ganze Bahn von Anfang bis Ende. Das war so ein Gefühl von Freiheit! Ich hätte am liebsten nie mehr aufgehört ...
Ich glaube, wegen dieses ersten wunderschönen Galopps in der Halle ist Lotta auch für immer ganz fest in meiner Erinnerung verankert. Ich war megatraurig, als sie gestorben ist. Es gibt auf YouTube auch ein Video dazu, in dem ich davon erzähle.

SHORTY – MIT IHM MUSSTE MAN VORSICHTIG SEIN

Es gab ein Pferd im Stall, auf dem nicht jeder reiten durfte: Shorty, ein Brauner. Shorty war ein sehr sensibles Pferd. Man musste äußerst vorsichtig mit ihm umgehen. Dass ich nach einiger Zeit auf ihm reiten durfte, hat mich natürlich sehr stolz gemacht. Von Shorty habe ich viel gelernt über den Umgang mit Pferden, zum Beispiel wie man seinem Pferd präzise Hilfen gibt und vorsichtig mit den Beinen treibt.

DER TRAUM LÄSST MICH NICHT LOS

Die Samstage, an denen wir in den Stall gefahren sind, waren für mich die schönsten Tage der Woche. Es war wie ein Ritual: Samstag darf ich wieder reiten! Meine Vorfreude war immer riesig.
Ich habe mir Blitz damals mit einem anderen Mädchen geteilt. Wir haben ihn immer zu zweit aus der Box geholt und fertig gemacht. Dann sind wir zusammen mit ihm zur Halle gelaufen. Danach haben wir ihn gemeinsam geputzt und wieder in die Box zurückgebracht ... Ich weiß noch, dass es öfter kleine Konflikte gab: Wer darf das Pferd jetzt anbinden? Wer putzt was? Wer darf aufhalftern? Das war nicht immer leicht. Ich dachte

SHORTY UND ICH

oft: Am allerliebsten hätte ich ein Pferd für mich allein.
Ich war meinen Eltern natürlich dankbar, dass ich überhaupt die Möglichkeit hatte, reiten zu können, und bin ihnen für alles dankbar, was sie für mich getan haben. Sie haben mich jeden Tag unterstützt. Aber es gab trotzdem Momente, in denen ich es einfacher und schöner gefunden hätte, ein eigenes Pferd zu haben. Doch bis dahin war es noch ein weiter Weg ... *seufz

WUNSCHPFERD AUS DEM INTERNET – UND EIN KLITZEKLEINER HOFFNUNGSSCHIMMER AM HORIZONT

Wenn man ein Pferd mit jemandem teilt und es einem nicht gehört, dann muss man immer andere fragen: Darf ich dies machen, darf ich jenes machen? Ich wollte einfach gerne mit meinem Pferd machen, was ich wollte – und wann ich es wollte. Ich hatte mir inzwischen so viele Videos angeschaut und so viel darüber gelesen ... ich wusste genau, auf was man achten muss. Ich war mir sicher, dass ich es schaffen würde, gut für ein Pferd zu sorgen. Doch meine Eltern sagten jedes Mal Nein, wenn ich wieder mit einem eigenen Pferd anfing. Ihre Argumente waren damals: *Du bist noch viel zu jung. Ein Pferd kostet viel Geld. Für ein Pferd trägt man eine große Verantwortung. Und wir haben ja auch schon ein Pferd ...*
Ich war natürlich jedes Mal enttäuscht und traurig. Ja, ich war

noch jung. Aber ich spürte auch ganz deutlich: Ich kriege das hin! Und natürlich hatten wir, dadurch, dass Bonita bei uns war, schon ein Pferd – aber es war eben das Pferd meiner Mutter, und ich hatte zu Bonita nicht so eine starke Bindung wie meine Mutter zu ihr. Ich konnte nicht oft auf Bonita reiten, weil immer jemand dabei sein und aufpassen musste.
Es war also lange kein eigenes Pferd in Sicht. ABER: Ich habe die Hoffnung nicht aufgegeben! Ich hab mir immer wieder vorgestellt, dass ich irgendwann ein eigenes Pferd haben werde, und weiter meine Wunschlisten geschrieben.
Und was ich außerdem noch gemacht habe: Ich bin ins Internet gegangen und habe mir in einem Online-Pferdemarkt mein Pferd zusammengestellt, so wie ich es mir erträumt habe: mit Namen, Größe, Farbe, Herkunft ... Das konnte man alles dort eingeben. Jeden Tag bin ich auf diese Internetseite gegangen, hab nach meinen Wunschkriterien gefiltert und geschaut, welche Pferde es in meinem Umkreis gibt.

Und irgendwann, ganz unerwartet, hörte ich meine Eltern sagen: »Wenn du irgendwann mal genügend Geld verdienst, können wir darüber reden. Aber du musst es selbst finanzieren können.« Da bin ich natürlich gleich hellhörig geworden: Was hatten sie da gerade gesagt? Das war kein klares Nein mehr! Es war natürlich auch noch kein Ja. Aber ich dachte: Wenn wir »darüber reden« können, dann ist das letzte Wort ja noch nicht gesprochen.
Und das hat mir Hoffnung gemacht. An diesem Satz, diesen sechs kleinen Wörtern »Wir können ja mal darüber reden« hab ich mich von dem Tag an total festgebissen. Hauptsache kein Nein!
Wie du siehst, mein Hoffen und meine Hartnäckigkeit haben sich gelohnt. Denn eines Tages (es dauerte natürlich noch eine gefühlte Ewigkeit bis dahin) haben wir uns tatsächlich zusammengesetzt und geredet. Wie es dazu kam, erzähle ich dir später. Denn vorher sind erst noch viele andere spannende Dinge passiert ...

ICH AUF BONITA

MIT LOTTA IN DER REITHALLE

VERSUNKEN INS VIDEOSCHNEIDEN

ERSTER PRESSETERMIN IM STALL

2 MEIN Start AUF YOUTUBE – AUF EINMAL SIND ES 10.000 Follower!

»EIGENTLICH« WOLLTE ICH nur ein paar Weihnachtseinkäufe machen. Aber daraus hat sich irgendwie – super schnell und unerwartet – meine heutige Community entwickelt.
Pferdevideos liebe ich über alles. Es gibt ein Video übers Putzen, das kann ich fast auswendig, so oft habe ich es gesehen. Früher habe ich immer ganz viel mitgeschrieben und das Wissen aus den Videos wie ein Schwamm in mich aufgesaugt. Dabei kam auch der Wunsch auf, mich selbst mal vor der Kamera zu sehen. Es ging mir gar nicht darum, dass mich andere Menschen sehen sollten – ich wollte einfach mein eigenes Video anklicken und mich selbst auf dem Bildschirm sehen können.
Eines Tages, ich kam gerade aus einem Reitsportladen, in dem ich Weihnachtsgeschenke für meine Mutter und ihr Pferd gekauft hatte, habe ich mich ganz spontan vor die Kamera gesetzt. »Hauls«, so nennt man auf Englisch Videos, in denen jemand zeigt, was er oder sie eingekauft hat. Die habe ich immer schon sehr gemocht, und ich dachte mir: Das mache ich jetzt auch.
Also habe ich meine Einkäufe neben mich auf die Couch gelegt, mein iPad zum Filmen aufgestellt – und hab einfach angefangen zu erzählen: über die Leckerli-Tasche und das Heunetz, das ich gerade gekauft hatte, und warum ich genau diese Dinge ausgewählt hatte ...
Das war mein allererstes Video. Sehr spontan also und ohne großes Nachdenken. Ich wollte es einfach mal machen.
Mein Dad, der sich beruflich mit solchen Dingen ein bisschen

auskennt, erklärte mir, dass man einen eigenen Kanal braucht, wenn man seine Videos auf YouTube anschauen will. Er hat ihn damals für mich angelegt. Gemeinsam überlegten wir, wie der Kanal heißen könnte. So ist »Mias Pferdewelt« entstanden.
Der Name gefiel mir, weil er Raum lässt für ganz verschiedene Themen. Wenn ich den Kanal zum Beispiel nur nach dem Pferd benannt hätte, auf dem ich damals geritten bin, hätte er schon bald nicht mehr gepasst. Aber dass sich mit dem Namen »Mias Pferdewelt« so viel machen lässt, ist mir erst später so richtig bewusst geworden. Das ist einfach ein toller Zufall gewesen. Es war ja gar nicht geplant, dass ich mehr als dieses eine Video hochlade!

MEIN KANINCHEN-KANAL: Was bisher niemand von mir weiß: Am Anfang gab es auch einen Kaninchen-Kanal.
Zu meinem 10. Geburtstag habe ich zwei Kaninchen bekommen: Murmel und Lotte. Auch darüber hab ich ein Video gedreht und den Kanal »Kaninchenwelt« genannt. Aber auf diesem Kanal war ich nie wirklich aktiv. Wer weiß, sonst gäbe es heute vielleicht auch noch »Mias Kaninchenwelt«.

Mia liebt Pferde. An ihrem größten Hobby lässt die Zehnjährige mittlerweile die Internetwelt teilhaben: Auf ihrem Youtube-Kanal erzählt Mia von ihrem Weg zum eigenen Pferd. Papa Harald filmt die Videos mit dem Handy. RN-FOTO MENNE

Mit Youtube zum Pferdetraum

Zehnjährige Mia gibt im Internet Einblicke in ihr Reitleben – und hat 10 000 Fans

Mia ist zehn Jahre alt und hat einen Traum, den in ihrem Alter viele Mädchen haben: Mia möchte gerne ein eigenes Pferd haben. An ihrem Weg dahin lässt sie die ganze Welt teilhaben: Mia berichtet von ihrem großen Ziel und ihrer Leidenschaft für Pferde auf ihrem Youtube-Kanal „Mias Pferdewelt" – mit Erfolg. Die Dortmunder Schülerin hat bereits 10 000 Abonnenten.

Auf Bonita, der spanischen Stute ihrer Mutter, darf Mia unter Aufsicht auch schon reiten. RN-FOTO MENNE

In ihrem neusten Video testet Mia Reithelme. In einer Viertelstunde stellt sie verschiedene Modelle vor und bewertet sie. Für Mia ist dieses Video ein großer Erfolg: Zum ersten Mal hatte sie einen Sponsor. Eine Firma hat ihr die Helme für das Video zur Verfügung gestellt – als Belohnung durfte sie einen behalten.

Als Mia kurz vor dem letzten Weihnachtsfest ihr erstes Video gedreht hat, hätte sie niemals an Kooperationen mit Unternehmen gedacht. Und schon gar nicht an so viele Fans, die ihr fast täglich sagen, wie toll sie ist.

Sie schaue selbst gern Youtube-Videos, sagt Mia. Aus Spaß drehte sie vor neun Monaten auch eins. Papa Harald filmte mit dem Handy und Mia erzählte von all den Dingen, die sie sich zuletzt rund ums Pferd gekauft hat. Haul (englisch für Ausbeute) nennt man das in der Youtube-Sprache. „Das Video hatte direkt viele Zugriffe", sagt Mia und strahlt über das ganze Gesicht. Also drehte sie noch ein Video. Und dann noch eins. Und noch eins...

„Das Tollste und Größte"

Mit zwei Jahren saß Mia das erste Mal auf einem Pferd. Ein Eigenes zu besitzen, „das wäre das Tollste und Größte für mich", sagt sie. Ihr Ziel geht sie ehrgeizig an. Seit einem Jahr nimmt sie Reitstunden auf einem Hof im Dortmunder Westen. Dort hat sie eine Reitbeteiligung, sie kümmert sich um das Shetlandpony Blitz. „Aber ich muss noch viel lernen", sagt Mia. Das Pferd von Mama Tanja, die Stute Bonita, ist zum Beispiel sehr temperamentvoll. Deswegen darf die Zehnjährige es noch nicht alleine reiten.

Auch das erzählt sie in die Kamera und lädt es im Internet hoch. Die Videos schneidet Mia selbst – das dauere manchmal einen ganzen Tag. „Ich möchte zeigen, wie mein Reitleben aussieht und anderen Tierbesitzern Tipps geben", sagt sie. Deshalb zeigt sie auch Videos vom Ausreiten mit Bonita oder Blitz, vom Pferdeleckerlis-Backen und von ihren Lieblingspferden.

Autogramme

Und mit jedem Video wächst die Fangemeinde. Vor ein paar Tagen hat Mia die 10 000-Abonnenten-Marke geknackt. Ihr Youtube-Kanal wurde mehr als eine halbe Million Mal aufgerufen. „Ich wurde sogar schon in Dortmund erkannt", erzählt Mia stolz. Und in der Schule fragten die Oberstufenschüler die Sechstklässlerin nach Fotos und Autogrammen. „Ich find das mit der Bekanntheit schon cool", sagt sie. „Aber ich will nicht angeben."

Ihre Eltern und Bruder Finn (14) unterstützen die junge Youtuberin bei ihrem Hobby, helfen beim Filmen und der Themensuche. Mama Tanja war am Anfang gar nicht begeistert, dass ihre Tochter aller Welt aus ihrem Leben erzählt. „Aber Mia hat so eine Begeisterung entwickelt."

Diese hat auch Tausende andere angesteckt, die Mia begleiten wollen – auf ihrem Weg zum eigenen Pferd und zum Youtube-Star. *Jana.Schoo @ruhrnachrichten.de*

www.youtube.com/MiasPferdewelt

Ein wenig Schutz

- **Weil Mia** im Internet eine große Öffentlichkeit erreicht, möchten ihre Eltern sie ein wenig schützen.
- **Deshalb nennt** Mia im Internet nicht ihren Nachnamen und auch nicht den genauen Ort des Reitstalls – aus diesem Grund haben wir uns entschieden, das in diesem Artikel ebenfalls so zu handhaben.

DIE ERSTEN AUFRUFE UND KOMMENTARE FÜR MEIN VIDEO

Weil ich meinen »Haul« ja nur für mich selbst gedreht und hochgeladen hatte, habe ich zuerst gar nicht verfolgt, ob andere das Video anschauen. Ich war einfach glücklich, mein eigenes Video bei YouTube sehen zu können.

Mein Vater wiederum hat ab und zu mal geschaut, ob es Kommentare gibt. Manche Leute schreiben ja sehr heftige Kritik unter die Videos, und er war wohl etwas besorgt. Stattdessen waren wir beide total überrascht, als wir merkten, wie viele Leute sich mein Video angeschaut und geschrieben hatten, wie toll sie es fänden! »Wann kommt dein nächstes Video?«, fragte jemand. Und ich dachte: OMG, die wollen mehr! Was mache ich denn jetzt?
Weil ich zu dem Zeitpunkt überhaupt keine Ahnung hatte, welche weiteren Inhalte ich noch drehen sollte, hab ich einfach zurückgefragt: »Was für Videos soll ich machen? Was wollt ihr sehen?« Die Antworten kamen ganz schnell: Sie wollten wissen, wer ich bin, ob ich ein eigenes Pferd habe, wie man ein Pferd richtig putzt und sattelt.
Mein zweites Video war deshalb eins, in dem ich mich erst mal selbst vorgestellt habe: Ich habe erzählt, wie alt ich bin, was ich so mache, dass meine Mutter ein eigenes Pferd hat, das Bonita heißt ... Wir haben Fotos von Bonita eingeblendet, um sie zu zeigen.
Für mein drittes Video habe ich mir dann ein richtiges Intro ausgedacht. Videos mit einem Intro wirken irgendwie professioneller – das wollte ich auch. Zusammen mit meinem Dad habe ich überlegt: Was macht ein gutes Intro aus? Was muss da alles rein? Wir kamen auf die Idee mit der Tafel: Mit bunter Kreide schrieb ich »Mias Pferdewelt« drauf. Dazu kreierten wir auf dem iPad einen kurzen eigenen Song. Wenn du ganz genau hinschaust, siehst du das Gummibärchen, das mir Papa aus Quatsch beim Drehen in den Mund gesteckt hat. ;)
Ich glaube, dass ich unter anderem deshalb so viele Aufrufe bekam, weil ich mir sehr viel Mühe gegeben habe. Die Menschen merkten

sofort: Die meint das ernst. Die lädt nicht nur einfach Videos hoch, sondern sie achtet auch auf die Qualität.
Papa hat mir am Anfang beim Schneiden und beim Unterlegen mit Musik geholfen. Musik ist so wichtig, finde ich. Die normale Standardmusik hat mich immer ganz schnell genervt. Deshalb habe ich versucht, im Internet neue Songs zu finden. Musik unterstreicht die Stimmung sehr schön und verleiht dem Ganzen etwas Besonderes. Jedes Video sollte anders sein und eine eigene Musik bekommen, das war mein Ziel!
Von Mal zu Mal wurde es aber auch immer aufwendiger: Beim ersten Video hatte ich ja einfach drauflosgeredet. Später fiel mir auf, dass ich Sätze ganz oft mit »und ja« beendet hatte. Also gab ich mir Mühe, die Sätze auch wirklich zu beenden, mit meiner Stimme am Satzende etwas runterzugehen und nicht mehr »und ja« zu sagen. Lauter solche Dinge. Heute möchte ich immer noch ganz natürlich rüberkommen, aber ich achte jetzt auf viel mehr Dinge als früher.
Das war also mein Start auf YouTube. Du siehst, ich bin ganz unerwartet in die Rolle einer YouTuberin reingerutscht. So etwas kann man einfach nicht planen.

NICHT MEHR OHNE KAMERA

Meinem Dad und mir hat das alles schon damals sehr viel Spaß gemacht. Wir haben ganz viele Sachen zusammen ausprobiert, zum Beispiel wie man »Thumbnails« gestaltet. Das sind die Startbilder, die auf YouTube als Erstes angezeigt werden. Mein Dad hat mir empfohlen, sie mit PowerPoint zu erstellen. Das hat richtig gut geklappt, aber manchmal auch sehr lange gedauert, weil ich alles gern perfekt habe. Das hab ich wohl von ihm. ;)
Mit jedem Video kam auch mehr und mehr Struktur in »Mias Pferdewelt«. Ich fragte mich: Was kann ich meinen Fans noch erzählen? Was ist für die Leute am interessantesten? Was mögen sie gerne? Was ist lustig oder spannend?

URLAUBSRITT AM STRAND

Wir haben uns sehr viele Gedanken gemacht. Auf diese Weise wurde YouTube ein ganz normaler Teil unseres Lebens, und das gemeinsame Gestalten und Kreativsein hat meinen Vater und mich sehr zusammengeschweißt. Ich bin wahnsinnig froh, dass ich seine Unterstützung hatte und immer noch habe! *Danke, Dad!
Es war plötzlich völlig normal, dass wir die Kamera immer dabeihatten. Mein Vater hat mich gefilmt, wo auch immer wir gerade waren: bei den Reitstunden und sogar im Urlaub. Ich wollte ja meinen Fans Bescheid sagen, wenn ich nicht da war. Auch meine Mutter hat mich mal in Holland bei einem Ausritt am Strand gefilmt. Viele YouTuber machen alles allein und haben keine Person, die sie filmen kann. Meine Eltern haben mich aufgrund meines Alters ja netterweise (und praktischerweise) immer überall hingefahren und so waren sie automatisch mit dabei.

BACKEN KANN GANZ SCHÖN LANGE DAUERN!

Manche Drehs dauerten extrem lange. Zum Beispiel der Dreh von meinem Leckerli-Video: Wir haben gefilmt, wie die Leckerlis im Ofen aufgehen, und daraus ein Zeitraffer-Video gemacht. Es durfte keiner die Küche betreten und aus Versehen durchs Bild laufen! Das war ziemlich blöd für meinen Bruder, der eigentlich in die Küche wollte. Die Zubereitung der Leckerlis zu filmen allein dauerte schon

ewig. Aber für den Schnitt haben wir bestimmt auch noch mal 10 Stunden gebraucht!

Auch hier haben wir auf viele Details geachtet: Mein Vater wollte zum Beispiel auf keinen Fall, dass Küchengeräte auf dem Tisch rumliegen. Es sollte ja schließlich aufgeräumt aussehen. Also passte er von Anfang an sehr genau darauf auf – was wirklich gut war, denn man will ja nicht alles noch mal von vorne drehen.

MEIN PERSÖNLICHES LECKERLI-REZEPT:

Apfel-Hafer-Leckerchen

ZUTATEN:

500 g Haferflocken
1 Schuss Milch
3 geriebene Äpfel
3 geriebene Möhren
1 Teelöffel Honig
3 Esslöffel Zuckerrübensirup

Zubereitung:

Die Haferflocken mit der Milch verrühren, bis ein zäher Brei entsteht. Dann die geriebenen Äpfel und Möhren hinzufügen. Anschließend Honig und Zuckerrübensirup unterheben.

Danach die Masse auf ein gefettetes Backblech streichen und bei 180-200 Grad für ca. 1 1/2 Stunden backen, bis sie braun und fest ist. Dann den Teig abkühlen lassen und in Stücke schneiden. Die Leckerlis sollten erst am zweiten Tag nach dem Backen gefüttert werden.

DER ERSTE MEILENSTEIN: 10.000 FOLLOWER

Von Anfang an wollte ich meine Videos unbedingt allein schneiden. Mein Dad hat mir gezeigt, wie das auf dem iPad geht und wie man ein Video mit Musik unterlegt. Ich weiß noch, dass ich so ins Schneiden abgetaucht bin, dass ich oft vergessen habe, etwas zu essen oder zu trinken. Deshalb gab es öfter mal eine Pause mit unserem Lieblingssnack: griechischer Joghurt mit braunem Zucker und Himbeeren. Mmmh!

Mir ist es einfach wichtig, dass alles am Video stimmt. Zum Beispiel die Übergänge, die müssen perfekt sein. Daran kann ich ganz lange arbeiten, bis ich wirklich zufrieden bin. Und das braucht viel Zeit. Zwischen meinem ersten und zweiten Video lagen ungefähr zwei Monate. Irgendwann wurden die Abstände immer kürzer, weil es uns so viel Spaß machte und weil wir merkten: Die Abonnen-

INTERVIEW IM STALL

ten sind neugierig, wie es weitergeht, und warten schon auf das nächste Video. Die Zahl meiner Follower war inzwischen größer geworden – das hat mich natürlich unglaublich motiviert, immer weiterzumachen und meine Fans nicht zu lange warten zu lassen. Schließlich waren wir bei einem einwöchigen Rhythmus angelangt. Damals hatte ich allerdings auch noch mehr Zeit als jetzt in der Oberstufe. Und wir hatten so viele Ideen, es wurden immer mehr!

Für mich ist YouTube wie ein Tagebuch gewesen: ein Tagebuch aus Videos. Und das ist es heute noch. Wenn ich das alles in ein Tagebuch aus Papier hätte SCHREIBEN müssen – dann wäre es wahrscheinlich sehr schnell geplatzt! :)

Ich hab mich morgens nie gefragt: Was für ein Video mache ich heute?, sondern wir haben oft spontan überlegt: Wollen wir das schnell drehen? Die Kamera, oder besser gesagt: das Handy, war sowieso immer dabei. Versprecher oder kleinere Patzer hab ich am Anfang auch einfach im Video gelassen.

Und eines Tages kam mein Dad plötzlich ganz aufgeregt zu mir und sagte: »Mia, du hast 10.000 Follower!« Wow! Ich war sprachlos. Ich konnte mir gar nicht vorstellen, wie viele Menschen das sind. Die Zahl war so unfassbar groß. Aber spätestens als mir mein Vater deutlich machte, dass ich damit mehrere Kinosäle oder ein Fußballstadion füllen könnte, war ich echt überwältigt.

Auf einmal sprachen mich Mitschüler auf dem Pausenhof an und fragten: »Bist du das bei YouTube?« Mein Papa kam außerdem auf die spontane Idee, bei unserer Lokalzeitung anzurufen und zu fragen: »Hier ist ein 10-jähriges Mädchen mit 10.000 Followern auf YouTube. Haben Sie nicht Lust, darüber zu schreiben?« Die Redakteurin kam noch am selben Tag zu uns in den Stall und führte dort ein Interview mit mir. Am nächsten Tag war ich in der Zeitung. Unglaublich!

UND DANN PLÖTZLICH IM TV

Auf einmal ging alles sehr schnell: Der Zeitungsartikel war kaum erschienen, da rief noch am selben Tag der Fernsehsender RTL bei uns an. Ich war gerade in der Schule. Wir hatten Unterricht, als die Tür aufging und meine Mutter reinkam. Sie sprach mit mir und vor allem mit der Lehrerin, um mich für das Interview früher aus der Schule zu holen.

Ich weiß noch, dass ich vor Aufregung angefangen habe zu heulen. Meine Freundinnen freuten sich total für mich und fieberten mit mir mit. Und ich selbst wusste gar nicht, wie mir geschah ... Der Beitrag wurde noch am selben Nachmittag bei uns am Stall gedreht, und abends konnten wir Bonita und mich im Fernsehen sehen.

Fernsehen – das war eine völlig neue Dimension und ein neues Gefühl für mich. Es riefen nach und nach immer mehr Zeitungen bei uns an. Das war zwar spannend, aber ich wollte auch nicht überfordert werden. Also haben wir über die Anfragen gesprochen und auch mal eine abgelehnt. Meine Eltern und ich haben uns viele Gedanken über meine Medienauftritte gemacht. Wenn man wenig Erfahrung mit so etwas hat, muss man zumindest wissen, was man will, und vor allem, was man *nicht* will. Deshalb haben wir auch guten Gewissens mal Nein gesagt, wenn wir ein Interview nicht geben wollten. Insgesamt bin ich in dieser Zeit und an den Herausforderungen damals sehr gewachsen. Auch beim Sprechen vor der Kamera wurde ich immer gelassener.
YouTube ist ein wichtiger Teil in meinem Leben. Aber es ist mir ganz wichtig, dass ich nicht nur darüber definiert werde. Zum Beispiel von meinen Freunden oder wenn ich neue Menschen kennenlerne – dann soll YouTube nicht im Vordergrund stehen.

Die Leute sollen mich so kennenlernen, wie ich bin. Oft spreche ich deshalb auch gar nicht so gern darüber, dass ich einen eigenen Kanal habe.
Durch meine Videos kam aber auch ein sehr wichtiger Mensch in mein Leben: Andrea. Mit Andrea begann ein ganz neues Kapitel in meinem (Reiterinnen-)Leben. Und davon erzähle ich dir gleich. :)

CRYSTAL RIVER

3 OSTEREIERSUCHE, Schokokuss-Challenge UND EINE ÜBERNACHTUNG IM STALL

JEDES PFERD IST ETWAS BESONDERES. Bei meiner ersten Reitlehrerin Andrea durfte ich ganz viele verschiedene Pferde kennenlernen. Und auch sonst war Andrea für jeden Spaß zu haben. Zum Beispiel für eine Ostereiersuche, eine Schokokuss-Challenge – und eine Nacht bei den Pferden, wie ich sie mir schon immer gewünscht hatte!

Eines Tages lud mich Andrea vom Team Sperber ein, bei ihnen zu reiten. Team Sperber, das ist ein Team von verschiedenen Reiterinnen und Reitern sowie eine Reitponyzucht. Ein anderes Mädchen, das auch bei Andrea geritten ist, hatte verfolgt, was ich bei YouTube mache und ihr von mir erzählt. Ich war so aufgeregt, als ihre Nachricht kam!

Sofort habe ich mir im Internet das Gestüt angeschaut, das etwa eine halbe Autostunde von uns entfernt liegt. Es ist wunderschön dort. Doch neben der großen Freude kamen mir auch Zweifel: Kann ich überhaupt gut genug reiten, um da mitzuhalten? Meine Gedanken wirbelten durcheinander.

Zusammen mit meiner Mutter und meinem Bruder fuhr ich zu Andrea. Es war wie im Paradies: Ich hatte noch nie so viele schöne und gut ausgebildete Pferde gesehen! Ich war ja bisher immer auf Ponys geritten. Die Pferde hier – das war irgendwie das nächste Level. So fühlte es sich für mich an.

Wie würde unser erstes Treffen verlaufen? War es nur eine einmalige Einladung? Oder würde vielleicht sogar mehr daraus werden? Wir hatten keine Ahnung, meine Eltern und ich. Aber Andrea und

KARNEVAL IM STALL

ich verstanden uns sofort super. Als sie mich nach der gemeinsamen Reitstunde fragte, ob ich Lust hätte, regelmäßig bei ihr zu reiten, war ich überglücklich. Damit begann eine großartige Zeit für mich. Andrea hat mich sehr gefördert – und auch ganz schön gefordert!

Nach den Reitstunden bei ihr, die echt anspruchsvoll waren, war ich immer total geschafft. Trab, Bahn wechseln, Galopp … Wir haben immer viele verschiedene Sachen in einer Stunde gemacht.

Andrea war auch für viele andere lustige Sachen zu haben: An Ostern haben wir zum Beispiel mal eine Ostereiersuche mit Pferden gemacht. Wir haben im ganzen Stall Ostereier versteckt und dann ein Video gedreht, in dem die Zuschauerinnen und Zuschauer mitmachen und die Eier zählen konnten. An Karneval gab es eine Schokokuss-Challenge, die ich auch nie vergessen werde. Mit Andrea konnte man viele solcher verrückten Sachen machen. Die beiden Videos zur Ostereiersuche und zur Schokokuss-Challenge findest du übrigens auch auf »Mias Pferdewelt«.

NOSTALGIE, CHICKI, BONSAI, GRACE UND HAPPY GIRL: ALLE WUNDERSCHÖN UND BESONDERS!

Bei Andrea wurde mir zum ersten Mal bewusst, was man alles braucht, um ein Pferd richtig auszustatten. Sie brachte mir zum

Beispiel bei, wie man ein Pferd bandagiert. Ich wollte gerne meine eigenen Schabracken zum Reiten mitbringen. Das war für sie völlig okay.
Andrea ist hauptberuflich Lehrerin, unter anderem für Mathe. Ich weiß noch, dass ich mir anfangs oft Sorgen gemacht habe, etwas falsch zu machen. Doch Andrea hat mir sehr viel Sicherheit gegeben und mir auch den großen Respekt genommen, den ich früher vor dem Springen hatte.
Nostalgie hieß die erste Stute, auf der ich bei ihr reiten durfte. Sie war ein sehr ruhiges Pferd, sehr einfach zu reiten und perfekt für Anfänger. Nostalgie ließ sich nicht so gut verladen, deshalb konnte man mit ihr nicht auf Turniere gehen.
Chicki, die eigentlich Chickeria heißt, ist jünger als Nostalgie und hatte mehr »Dampf«, war aber auch etwas schreckhafter und ein bisschen schwieriger im Umgang. Mit ihr bin ich später sehr gerne Turniere geritten. Mit Chicki konnte man wahnsinnig gut springen.

Bonsai ist Andreas eigenes Pferd, aber ich durfte sie auch reiten! Ich hatte damals das Gefühl, dass nur diejenigen auf ihr reiten durften, denen Andrea total vertraute. Auf Turnieren hat Andrea Bonsai selbst geritten. Bonsai ist so talentiert in der Dressur!
Es war wunderbar und lehrreich, viele verschiedene Pferde auszuprobieren zu dürfen. So lernte ich schnell, die Charaktere und Stärken jedes einzelnen zu erkennen und richtig auf sie einzugehen. Meine Mutter hat mal gesagt, dass man sich gerade durch den Umgang mit unterschiedlichen Pferden reiterlich am meisten weiterentwickelt.
Grace zum Beispiel (auch »Gratze« genannt) war ein sehr großes Pferd. Ich konnte sie gerade so eben satteln, so hoch war sie. Aber auch auf ihr konnte man extrem gut reiten.

Und dann war da noch Happy Girl – meine Happy! Sie war so eine besondere Stute. Im ersten Moment habe ich sie gar nicht richtig wahrgenommen. Erst später fiel sie mir auf. Mit ihr bin ich Dressur geritten. Es gibt ein Video von ihr und mir: »Meine erste Reitstunde auf Happy«. Darin kannst du sehen, wie ich mit ihr geritten bin.
Zu Happy Girl konnte ich sehr schnell ein ganz tiefes Vertrauen aufbauen. Auch das Aussitzen habe ich erst auf ihr richtig gelernt. Vorher hatte ich immer das Problem, dass ich keinen richtigen Halt in den Steigbügeln fand und oft durchrutschte. Wir haben dann manchmal die Steigbügel vor dem Sattel über Kreuz gelegt und ein paar Übungen gemacht. Nach und nach wurde es besser. Ich war natürlich ungeduldig wie immer. ;)
Mein Perfektionismus hat mich manchmal selbst aufgeregt – ich wollte immer alles sofort richtig gut machen. Manchmal stand ich mir damit im Weg. Denn zum Reiten gehört eben auch das Lernen dazu – und die Rückschläge.
Aber eben auch die wunderbaren Momente! Gemeinsam mit dem Team Sperber und Happy bin ich mal bei einem megaschönen Sonnenuntergang ausgeritten, eine Wiese entlang, nur mit Halfter, ohne Sattel. Dabei habe ich wieder dieses Gefühl von absoluter Freiheit gespürt! Das sind die Momente, die einem ewig in Erinnerung bleiben.

MEIN ERSTES TURNIER – GUT, DASS ANDREA SO ENTSPANNT IST!

Und eines Tages war es dann so weit: Andrea fragte mich, ob ich nicht Lust hätte, bei einem Turnier mitzumachen. Klar hatte ich Lust! Andrea hatte mir alles so toll beigebracht, dass der Wahnsinnsrespekt vor dem Springen, den ich zu Beginn gehabt hatte, mittlerweile vergessen war, und ich sagte sofort Ja! Ich durfte auf Chicki reiten.

Schon Tage vorher war ich sehr aufgeregt. Würde alles gut klappen? Auch die Fahrt zum Turnier mit Chicki im Hänger? Andrea hat mir auch hier die Aufregung genommen. Sie war routiniert und entspannt und wusste einfach über alles Bescheid: wie Chicki verladen werden musste, wie man sich bei der Meldestelle anmeldete ... Das hat mir sehr geholfen.
Ich wurde Letzte bei meinem ersten Turnier, aber ich war froh, überhaupt dabei gewesen zu sein. Es war eine tolle Erfahrung. Beim zweiten Mal lief es dann schon besser: Chicki und ich wurden Erste.

MATHE-NACHHILFE IM STALL UND EINE WUNDERSCHÖNE ÜBERNACHTUNG

Im Laufe der Zeit durfte ich bei Andrea die Pferde allein füttern, ihnen »Abendessen« bringen, das Heu machen und die Fohlen führen ... Schön war das.
Ich hatte mir immer schon gewünscht, einmal im Schlafanzug die Pferde zu füttern. Morgens aufzuwachen und als Erstes meinem Pferd Futter zu geben, das zufriedene kauende Geräusch zu hören ... das war für mich eine wunderschöne Vorstellung. Ich träume auch heute noch davon,

BANDAGIEREN LERNEN

den Stall gleich nebenan zu haben, nach der Schule sofort zu meinem Pferd gehen zu können, im Stall Vokabeln zu lernen, bei meinem Pferd zu chillen, solange ich Lust habe ... Das muss wahnsinnig schön sein.
Als ich Andrea davon erzählte, sagte sie: »Du kannst gerne mal bei uns übernachten.« Wirklich? OMG! Schon Tage vorher habe ich mich gefreut wie verrückt. Andrea hatte auf ihrem Dachboden ein kleines Zimmer mit einem kleinen Bad und einem Bett, in dem ich übernachten durfte. Als es dann tatsächlich so weit war und ich frühmorgens im Schlafanzug in den Stall gehen konnte, war das für mich das schönste Gefühl, das man sich vorstellen kann!

DRESSURSTUNDE MIT HAPPY GIRL

Andrea war wie eine »Reitmama« für mich. Sie hat mir sogar manchmal Mathe-Nachhilfe im Stall gegeben, wenn ich etwas nicht verstanden habe. Mathe mag ich nur, wenn ich es verstehe. Oft hat Andrea mir auch, kurz bevor eine Klassenarbeit anstand, noch schnell geholfen. Ich konnte ihr immer eine Nachricht schreiben, wenn ich zwischendurch mal Fragen hatte.
Sie unterhielt sich mehrmals intensiv mit meinen Eltern über meinen Wunsch, ein eigenes Pferd zu haben. Ich glaube, sie hat meine Eltern sehr darin bestärkt, meinen Traum wahr werden zu lassen und doch noch ein Pferd zusätzlich zu Bonita zu kaufen. Einmal hat sie zu den beiden gesagt: »Was gibt es Schöneres, als zu wissen, dass die eigene Tochter im Stall ist?« Ich glaube, dieser Satz hat meine Eltern überzeugt, doch noch mal über alles nachzudenken. Und als es dann endlich so weit war, hat sie uns auch bei der Suche nach dem richtigen Pferd unterstützt. Das Tolle ist: Andreas Mann ist Tierarzt. Wir konnten ihn immer alles fragen. Das hat uns natürlich ganz viel Sicherheit gegeben.

ABSCHIED VON HAPPY GIRL

Wie immer im Leben gab es leider auch in dieser Zeit ein paar schwere Momente. Ganz schlimm war für mich die Zeit, als Happy Girl starb.
Es kam zu einem Unfall am Putzplatz, bei dem sich Happy sehr schwer verletzte. So schwer, dass sie eingeschläfert werden musste. Wir waren gerade im Urlaub, als Andrea meinem Dad Bescheid gab. Meine Eltern beschlossen, es mir erst nach dem Urlaub zu sagen. Von ihrem Tod zu erfahren war furchtbar für mich. Gerade eben war doch noch alles so schön gewesen! Der Urlaub, die Vorfreude darauf, Happy wiederzusehen. Ich konnte es kaum erwarten, wieder auf ihr zu reiten. Und dann das!

Alles war so rasend schnell gegangen. Auf einmal war da eine riesengroße Leere in meinem Leben. Ich konnte einfach nicht glauben, dass Happy so einfach weg sein sollte – wir hatten doch so viele schöne Sachen zusammen erlebt!
Vor allem finde ich es schrecklich, dass etwas so Schlimmes aus einer eigentlich total banalen Alltagssituation wie dem Putzen entstehen kann. Bei Gini bin ich genau deswegen megavorsichtig: Immer wenn ich sie anbinde, passe ich auf, dass alles richtig ist und nichts passieren kann. Wenn ich mal kurz von ihr weggehen muss, um was zu holen, bitte ich jemanden, auf sie achtzugeben, damit ihr nicht das Gleiche passiert. Ich will auf keinen Fall, dass Gini so etwas erleben muss.

DIE EIGENEN TRÄUME SOLLTE MAN NICHT AUFGEBEN

Trotz dieser schweren und traurigen Momente war mir aber auch bewusst, dass ich mir meinen eigenen Traum davon nicht kaputt machen lassen darf. Denn wenn man seine Träume unterdrückt, zerstört man sich selbst ein Stück weit, finde ich. Mir war klar, dass ich eines Tages einen weiteren Abschied erleben müsste. Trotzdem wollte ich meinen Wunsch nicht aufgeben. Abschied gehört zum Leben dazu. Ich wollte aber unbedingt auch all das Schöne erfahren, das ich mit den anderen Pferden erlebt hatte – nur eben mit meinem eigenen.
Mit Andrea habe ich mich sehr oft darüber ausgetauscht, welches Pferd ideal für mich wäre: welche Rasse, welche Farbe, welche Größe, welche Eigenschaften es haben sollte ... Ich wollte ja eigentlich nie einen Braunen haben. Warum es dann schließlich doch ein Brauner geworden ist? Davon erzähle ich dir im nächsten Kapitel.

QUATSCH BEI ANDREA

TIERLIEBE MIT ANDREA

4 Interview mit ANDREA

WIE BIST DU AUF MIA AUFMERKSAM GEWORDEN?

Das war auf der Messe »Hund und Pferd« im Oktober 2015. Ich bin dort mit meinem Pferd Bonsai aufgetreten. Ein anderes Mädchen, das bei uns geritten ist, war auch dabei. Sie war im gleichen Alter wie Mia und durfte auf der Messe gemeinsam mit mir auftreten. Im Backstage-Bereich meinte das Mädchen plötzlich zu mir: »Guck mal, da ist Mia von ›Mias Pferdewelt‹!« Sie war ganz aufgeregt, und ich fragte sie: »Wer ist denn Mia?« Nachdem sie mir ein bisschen mehr erzählt hatte, meinte ich: »Dann geh doch einfach mal hin und bitte sie um ein Autogramm.«

So kam es, dass sich die beiden Mädchen unterhalten haben. Ich dachte: Mia könnte ja mal zum gemeinsamen Reiten zu uns kommen. Wir hatten damals viele Reiterinnen in unserem Team, aber kaum jemanden im Alter der Mädchen. Und es ist ja immer schöner, mit Gleichaltrigen reiten zu können.

So ist Mia zum Kennenlernen bei uns vorbeigekommen, mit ihrer Mutter und ihrem Bruder, und wir haben sofort eine Reitstunde für einen anderen Tag vereinbart. Ein paar Wochen später war es dann so weit: Mia und das andere Mädchen sind zusammen geritten, danach haben wir noch bei Kakao und Kuchen in der Sattelkammer gesessen.

Mia gefiel das sehr gut, hatte ich den Eindruck. Sie hatte viel Spaß und sagte mir, dass sie gerne Dressur lernen würde. So kam es, dass sie von da an einmal die Woche mit dem anderen Mädchen gemeinsam Reitstunde bei mir hatte. Später war sie sogar mehrmals pro Woche bei uns.

WIE WAR DIE ERSTE BEGEGNUNG MIT MIA FÜR DICH?

Ich selbst hatte damals noch ganz wenig Kontakt mit Social Media. Wir hatten gerade erst eine Facebook-Seite und einen Instagram-Account für unser Gestüt erstellt. Dass manche Menschen das so professionell betreiben, und vor allem ein so junges Mädchen – das hat mich total überrascht und neugierig gemacht!
Ich weiß noch, dass wir ganz aufgeregt waren, als Mia zur ersten Reitstunde zu uns kam: Sie war ja schon recht bekannt. Aber die Nervosität war total unbegründet, wie sich herausstellte, denn Mia war sehr nett und offen. Ihr Bruder war auch dabei, er hat gefilmt. Das Video zu unserem ersten Treffen gibt es immer noch auf Mias Kanal.
Es war sehr schnell klar, dass Mia gut ins Team passen würde. Die Chemie hat gestimmt, und mit ihrer Mutter habe ich mich auch sofort gut verstanden. Ja, und so ist Mia mit der Zeit immer öfter gekommen und ins Team hineingewachsen.

WIE HAST DU MIA ALS REITSCHÜLERIN WAHRGENOMMEN?

Als Mia zu uns kam, war sie noch eine etwas unsichere Reiterin. Aber ich weiß noch, dass ich sie sehr mutig fand. Nostalgie hat immer ganz schön Gas gegeben in den Reitstunden, aber Mia hat sich davon gar nicht beeindrucken lassen. Auch wenn sie mal runtergefallen ist, ist sie immer sofort wieder aufgestiegen. Sie war immer hart im Nehmen und sehr wissbegierig und fleißig – und sie hatte immer ein gesundes Maß an Ehrgeiz. In dieser Zeit hat sie super Fortschritte im Sattel gemacht und ja auch Turniersiege gefeiert.
Für mich war sie eine sehr angenehme Schülerin. Sie hat auch wenig Widerworte gegeben. ;) Von Anfang an war es Mias Ziel, ein eigenes Pferd zu haben. Ihr war bewusst, dass es dafür viel Wissen braucht und man auch gut reiten können muss. Selbst wenn das Wetter schlecht oder auch

mal »Drecksarbeit« zu machen war, hat sie sich nicht gedrückt. Mit Mia ist es immer schön gewesen, und es hat viel Spaß gemacht. Dazu muss ich noch sagen: Dass die Chemie stimmt, ist bei uns besonders wichtig, denn wir sind ein kleiner Stall. Da muss man einfach gut zusammenpassen, sonst hält man es gar nicht über längere Zeit miteinander aus.

NOSTALGIE UND ICH

WELCHE MOMENTE SIND DIR IN ERINNERUNG GEBLIEBEN?

Das klingt vielleicht im ersten Moment nicht danach, aber bei Mia war es tatsächlich immer lustig, wenn sie runtergefallen ist. Denn statt zu erschrecken oder sich zu ärgern, ging Mias erster Blick immer zu ihrem Vater: »Und, hast du's gefilmt?« Dann haben wir meistens drüber gelacht und es mehrmals auf dem Handy angeschaut. Zum Glück ist ja bei den Stürzen nie etwas Schlimmes passiert. Auch eine Fohlentaufe haben wir zusammen gefilmt. Diese Szene mussten wir ganz oft drehen, weil wir immer Knoten in der Zunge hatten und uns so oft versprochen haben. Das war sehr witzig!
Leider gab es ja auch die sehr traurige Situation mit Happy Girl. Als sie starb, war das das genaue Gegenteil von solchen schönen Momenten. Happy fehlt uns immer noch. Ich bin sehr traurig, dass sie nicht mehr da ist.

WELCHE STÄRKEN HAT MIA IM UMGANG MIT PFERDEN?

Sie war immer sehr mutig und aufgeschlossen und hat Lust gehabt, verschiedene Pferde auszuprobieren: Ob das die verrückte Gratze (Grace) war mit ihren 1,70 Metern Stockmaß oder Cookie, die gerade erst eingeritten war – oder auch die erfahreneren Ponys. Wenn man reiten lernen will, ist es ganz wichtig, verschiedene Pferde zu reiten.

Was ich erstaunlich fand: Mia hat jedes Pferd gleichermaßen geschätzt. Es gibt viele Leute, die mögen das eine Pferd lieber als das andere, weil es schöner ist, besser ausgebildet usw. Aber Mia hat sich einfach über jedes Pferd gefreut. Bei ihr waren alle Pferde gleichgestellt. Und dass sie so wissbegierig war! Beim Reitenlernen ist es äußerst wichtig, dass man über alle Hintergründe gut Bescheid weiß.

HAST DU EINEN BESONDEREN ANSATZ BEIM REITUNTERRICHT?

Bei mir steht immer das Wohl des Pferdes im Vordergrund. Je besser man reiten kann, umso besser ist es für das Pferd. Ich bin der Meinung, dass nur ein korrekt ausgebildetes Pferd den Reiter ohne Schaden tragen kann. Es muss lernen, den Rücken aufzuwölben, die Hinterhand zu aktivieren, um den Reiter ohne körperlichen Schaden zu tragen. Da darf das Pferd natürlich immer auch nur im Rahmen seiner Möglichkeiten belastet werden.

Von meinen Schülerinnen und Schülern erwarte ich, dass sie bereit sind dazuzulernen und dass sie die theoretischen Hintergründe kennenlernen wollen. Und natürlich gehört bei mir nicht nur das Reiten dazu, sondern auch die Pferdepflege, die Stallarbeit ... Bei uns machen wir alles zusammen: Zäune reparieren, Stroh abladen oder jemanden zum Turnier begleiten ... Das gehört zu unserem Konzept.

WIE HAST DU GINI GEFUNDEN?

Ja, das ist eine längere Geschichte. :) Mia und ihre Eltern waren an dem Punkt angekommen zu sagen: »Wir schauen mal, was es so gibt.« Also haben wir ein bisschen recherchiert und gesucht. Zuerst haben wir uns ein etwas älteres Pferd angeschaut, eine Fuchsstute mit einer Blesse. Sie war schon bis zur L-Dressur ausgebildet, aber irgendwie hat es nicht gefunkt zwischen Mia und ihr.

Dann haben wir uns noch ein ganz junges Pony in der Nähe angeschaut. Die beiden haben ganz gut harmoniert, aber das Pony war noch ein bisschen zu unerfahren und auch ein wenig zu spritzig für Mia. Mia war einfach nicht hundertprozentig begeistert.

Später bin ich auf Facebook über die Anzeige gestolpert, in der Gini angeboten wurde. Ich habe die Frau, die die Anzeige eingestellt hatte, angeschrieben, mit ihr telefoniert und ihr erzählt, dass ich eine Reitschülerin habe, die schon ganz ordentlich reitet – und dass wir ein Pony für sie suchen.

Ginis Stall lag ein ganzes Stück weit weg von unserem. Ich war damals schwanger. An dem Tag, an dem wir zu Gini gefahren sind, hatte ich schon einen richtig dicken Bauch und starke Halsschmerzen – aber die Fahrt hat sich gelohnt. Es hat von Anfang

an gepasst: Die Verkäuferin war sehr sympathisch und hat einen ganz tollen Eindruck auf uns gemacht. Auch die Geschichte, warum Gini verkauft wurde, klang plausibel. Mia hat sich sofort wohl mit Gini gefühlt. Wir hatten alle das Gefühl, dass wir den passenden Deckel zum Topf gefunden hatten! Das war einfach riesengroßes Glück.
Zuerst ist das Mädchen, das zur Reiterhoffamilie gehörte, auf Gini geritten. Dann ist Mia Probe geritten. Wir haben Gini ein bisschen longiert, und dann durfte Mia auch ohne Sattel reiten. Gini machte einen tollen Eindruck. Sie konnte sich sehr gut bewegen und schien superklar im Kopf zu sein. Ich hätte mich unheimlich gerne auch selbst auf sie gesetzt, aber ich war ja schwanger, mein Bauch schon viel zu dick, und bis dahin war ich bewusst die ganze Schwangerschaft über nicht geritten.
Ich weiß noch, dass Mia, als sie ohne Sattel geritten ist, ihren Schuh verloren hat. Der Schuh fiel Gini direkt unter den Bauch. Und sie hat überhaupt nicht erschrocken reagiert! Im Gegenteil: Sie hat sich überhaupt nicht davon stören lassen, hat alles mitgemacht. Mir war damit klar: Dieses Pferd können wir empfehlen.
Mias Eltern haben mich zur Seite genommen und mich gefragt, ob etwas gegen den Kauf spräche. Ich glaube, ich habe geantwortet: »Nein. Das Einzige, was dagegen sprechen könnte, ist der Ausbildungsstand.« Denn Gini konnte eben noch nicht so viel. Aber ansonsten war alles in Ordnung. Auch charakterlich passte sie einwandfrei.
Wenige Wochen später war es dann so weit: Die Ankaufuntersuchung stand an – und dann ist Gini auch schon zu Mia gezogen! Ich bin sehr glücklich, dass bei den beiden immer noch alles so super klappt und Gini Mias Traumpferd ist! Ich hoffe, sie bleibt es noch viele Jahre.

FERTIG ZUM REITEN

PS: Andrea und das Team Sperber findest du auf YouTube unter Team Sperber Reitponyzucht Urienne und auf Instagram unter teamsperber. ;-)

5 IST GINI *wirklich* BALD mein Pferd?

So haben Gini und ich uns also zum ersten Mal getroffen. Ein Blind Date sozusagen. :) Bei Gini wusste ich sofort: Sie ist es! Doch bevor wir sie zu uns holen konnten, gab es erst noch mal einen riesengroßen Schrecken: Würde mein Traum in letzter Sekunde platzen?

Bei Gini und mir passte von Anfang an einfach alles. Bei den anderen beiden Pferden, die wir uns vorher angesehen hatten, war der Funke nicht übergesprungen, sie hatten mich irgendwie nicht so berührt. Klar, sie waren schon viel besser ausgebildet, und es gab überhaupt nichts an ihnen zu bemängeln – aber Gini war einfach mein Pferd! Schon auf den Fotos, die mir ihre Vorbesitzer geschickt hatten, hatte sie mir gefallen. Auf einem trabte sie durchs Wasser ... Wunderschön sah sie aus!

Gini hat eine ganz besondere Art, auf Menschen zuzugehen. Selbst mein Dad, der bis dahin kein riesengroßer Pferdefan war, war sofort angetan von ihr und hat mit ihr »gesprochen«, als die beiden mal ein paar Minuten allein waren. :) An den anderen Pferden hat mich wahrscheinlich gestört, dass sie aufgrund ihrer Ausbildung schon so stark durch andere Reiter geprägt waren. Im Vergleich dazu erschien mir Gini wie ein unbeschriebenes Blatt. Mein Wunsch und auch mein Ehrgeiz waren es, dass ich mein Pferd selbst ausbilde. Mit professioneller Hilfe – und von Anfang an richtig.

EIN PFERD, MIT DEM MAN SPASS HABEN KANN

Gini war die ganze Zeit über erstaunlich ruhig und ausgeglichen. Dabei kannte sie mich ja gar nicht! Auch mit dem Mädchen der Vorbesitzer-Familie habe ich mich sofort gut verstanden. Sie hatten Gini sehr schick gemacht. Sie sah so unglaublich lieb aus und wirkte so vertrauenswürdig! Ich hab natürlich gemerkt, wie sich meine Eltern immer wieder Blicke zugeworfen haben, nach dem Motto: Das Pferd könnte es sein ...

Das Verrückte war: Am Ende des Probereitens habe ich mich sogar rückwärts auf Gini draufsetzen dürfen! Ich war überrascht, wie gut das klappte, und hab sofort gespürt: Das ist ein Pferd, mit dem man Spaß haben kann. Welches Pferd, das noch so jung ist, lässt so etwas schon mit sich machen? Bei den anderen Pferden hatte ich mich eher wie im Reitunterricht gefühlt. Gini und ich dagegen waren sofort auf Augenhöhe miteinander. Dass sie noch nicht ausgebildet war, hat mir nichts ausgemacht.

ERSTES MAL GINI SEHEN ♥

Im Gegenteil, ich hatte das Gefühl: Wir sind wie füreinander gemacht, wir können miteinander wachsen!
Manche Reiterinnen oder Reiter bilden ihre Pferde schon in sehr jungen Jahren aus. Ich persönlich finde, ein Pferd sollte auch erst mal »die Kindheit« genießen dürfen. Es muss nicht schon mit vier Jahren Dressur-Lektionen beherrschen. Wenn ich zurückschaue, bin ich immer noch total überrascht, mit welcher Selbstverständlichkeit ich mich bei unserer ersten Begegnung auf Gini draufgetraut habe. Sie hätte ja auch steigen können oder sonst was machen, so jung und unerfahren, wie sie war! Das hat sie aber nicht, sie war die ganze Zeit über sehr ausgeglichen und brav. Es fühlte sich einfach gleich so an, als säße ich schon auf meinem Pferd. Und ich wusste: Ich will noch viel mehr mit Gini erleben!

AUF GINI OHNE SATTEL

Meine Eltern und ich mussten danach gar nicht mehr viel reden. Wir haben uns angeschaut und die ganze Zeit gestrahlt. Jeder von uns hatte ein total gutes Gefühl, und wir waren alle sehr zufrieden. Auch der Kaufpreis von Gini passte für mich, denn ich wollte mein eigenes Pferd auch von meinem eigenen Geld bezahlen. Ich weiß noch, dass ich auf der Rückfahrt einfach nur happy war. Ich habe die ganze Fahrt über (und noch viel länger ... Moment ... eigentlich bis heute :-D) nur von ihr geschwärmt und dachte: Es passiert wirklich! Ich konnte es kaum glauben.

EIN EIGENES PFERD:

WIE *überzeugst* DU + DEINE ELTERN? ;)

1. **VERANTWORTUNG:** Zeig, dass du Verantwortung übernehmen kannst.

2. **TIERLIEBE:** Fang mit kleinen Tieren an und zeig, dass du dich gut um sie kümmerst.

3. **INTERESSE:** Wenn deine Eltern keine Ahnung von Pferden haben, ist es noch schwerer, sie zu überzeugen. Nimm sie deshalb möglichst häufig mit zum Stall, damit sie sich mit den Pferden anfreunden können.

4. **WISSEN:** Lerne alles, was notwendig ist, zum Beispiel aus Filmen, über YouTube oder mithilfe von Büchern.

5. **LEIDENSCHAFT:** Zeig deinen Eltern, dass ein eigenes Pferd dein Traum ist, für den du alles tust, egal, welches Wetter und wie viel Arbeit es ist.

6. **DURCHHALTEVERMÖGEN:** Wenn deine Eltern sehen, dass du auch kleine Dinge konsequent verfolgst und nicht gleich aufgibst, dann kannst du sie eher überzeugen.

7. GELD: Spare dein Geld oder versuche, Geld zu verdienen. Mach dir einen Plan, wie viel du brauchst (Kaufpreis des Pferdes, Unterkunft, Ausstattung, Futter, Kleidung …).

8. FREUNDE UND FAMILIE: Bitte deine Freunde oder Bekannten, dich zu unterstützen. Auch der Rückhalt in der Familie ist wichtig, egal ob Oma und Opa oder vielleicht Tante oder Onkel, Geschwister …

9. PLAN: Fang klein an und besuche erst mal einen Stall in deiner Nähe, nimm erste Reitstunden, baue es langsam zu einer Reitbeteiligung aus.

10. GEDULD: Sei geduldig und nerv deine Eltern nicht zu oft! Solch ein Entscheidungsprozess kann Jahre dauern, und es soll deinem Pferd ja auch gut gehen. Dafür müssen alle zu der Entscheidung stehen.

GROSSER SCHRECK BEI DER ANKAUFUNTERSUCHUNG: IST MIT GINI ALLES IN ORDNUNG?

Jetzt ging es nur noch um die ganz wichtige Frage: Ist Gini gesund? Es musste eine sogenannte Ankaufuntersuchung von einem Tierarzt durchgeführt werden. Ich weiß noch, dass ich auf einmal Angst bekam, dass etwas Schlimmes mit ihr sein und mein Traum, der gerade erst begonnen hatte, von einem Moment auf den anderen platzen könnte.

Wir wählten einen Tierarzt aus der Nähe, den die Vorbesitzer uns vorschlugen. Bei der Ankaufuntersuchung wird das Pferd komplett durchgecheckt. Die Beine werden untersucht und in verschiedene Richtungen gedreht, um zu schauen, ob alles okay ist. Mir persönlich war es sehr unangenehm, als der Arzt Ginis Bein hochhob und einmal extrem abwinkelte. Ich fühlte mich schon längst für sie verantwortlich, schon wie Ginis Beschützerin, und dachte: Ich muss jetzt auf dich aufpassen!

Dann sollte ich mit ihr Schritt laufen und sie auch traben lassen. So weit war alles in Ordnung. Doch als sie beim Longieren angaloppieren sollte, zeigte sie plötzlich eine Auffälligkeit. Sie sprang unsauber um, es sah aus, als würde Gini humpeln – und das konnte sich der Arzt nicht erklären. Als er sich zu uns umdrehte und meinte: »Ich glaube, wir hören jetzt besser mal auf mit dem Filmen« (mein Dad und ich hatten bis zu diesem Punkt alles mit der Kamera aufgenommen), wurde mir auf einmal ganz schlecht.

Ich weiß noch, dass ich mich schlagartig richtig leer gefühlt hab, als würde auf einmal alles, mein Traum, angehalten werden, wie in Zeitlupe. Auch meinem Dad habe ich angesehen, dass er dachte: »O nein, da ist irgendwas!« Ich hatte mir alles so schön ausgemalt – es konnte doch nicht alles schon wieder vorbei sein!

Der Tierarzt erklärte uns, er müsse prüfen, ob das unsaubere Umspringen einen medizinischen Grund habe oder ob Gini es sich einfach falsch angewöhnt habe. Wir haben sie gleich vor Ort geröntgt.

Sie wurde dafür auch leicht sediert. Für mich war es unerträglich, sie so schläfrig zu sehen von der Narkose, und ich konnte die Spannung kaum ertragen. Ich dachte immer wieder: Jetzt sag endlich, was mit ihr los ist!
Nach einer gefühlten Ewigkeit kam der Tierarzt mit dem Röntgenbild zurück. Ein Glück, es war nichts zu sehen! Es gab also keinen körperlichen Grund für das Umspringen. Es musste etwas anderes sein. Doch während der Untersuchung konnte die Ursache nicht festgestellt werden.
Wir mussten uns die Frage stellen: Wollen wir Gini trotzdem kaufen? Soll das Wissen darum, dass sie etwas hat, was wir uns nicht erklären können, unsere Entscheidung beeinflussen oder nicht? Wir besprachen uns gemeinsam, meine Eltern und ich. Mir selbst war klar: Das Wichtigste ist, dass nichts an ihrem Gelenk kaputt ist. Und wenn am Gelenk alles in Ordnung ist – dann steht für mich auch kein Nein im Raum. Wir sagten nach kurzer Überlegung Ja und waren alle super erleichtert, dass wir keine Entscheidung gegen Gini treffen mussten. Das hätte ich nicht ausgehalten.

BEI DER ANKAUFUNTERSUCHUNG

Aber natürlich barg unsere Entscheidung auch ein Risiko. Deshalb vereinbarten wir mit der Besitzerin ein Rückgaberecht von drei Monaten, für den Fall, dass sich doch noch Komplikationen oder stärkere Auffälligkeiten ergeben würden. Ich will mir gar nicht vorstellen, wie es gewesen wäre, Gini in dieser Zeit noch mal herzugeben! Gut, dass es nicht dazu gekommen ist.

ERSTER VERTRAUENSBEWEIS

ABHOLUNG VON GINI

GINI IN ROT

ICH DARF GINI KAUFEN

WELCHER STALL IST DER RICHTIGE FÜR GINI?

Gini war also, bis auf diese kleine Sache, gesund. Wir konnten sie wenige Wochen später abholen. Damit standen wir vor der nächsten wichtigen Entscheidung: Wo bringen wir sie gut unter? Welcher Stall kommt infrage und ist so nah an unserem Zuhause, dass ich selbst hinfahren kann? Denn mir war klar: Ich möchte das selber schaffen. Meine Eltern sollen mich nicht immer fahren müssen!

In dem kleinen Offenstall, in dem das Pferd meiner Mutter stand, war leider kein Platz für Gini frei. Er war auch nur mit dem Auto zu erreichen. Am liebsten wäre mir ein Offenstall gewesen, denn Gini war daran bereits gewöhnt. Doch leider fand sich so schnell keiner. Wir entschieden uns daher für einen Sportstall. Dort war eine sehr schöne neue Paddock-Box frei, und ich dachte: Das ist ja richtiger Luxus hier. Paddock-Boxen sind heiß begehrt, und die Box sah wirklich gut aus. Wir konnten Gini direkt dort einziehen lassen. Alles schien perfekt. Dass es sich später als nicht ganz so perfekt herausstellte, konnte ich damals noch nicht ahnen …

EINKAUFEN: WAS BRAUCHE ICH ALLES FÜR DIE ABHOLUNG?

Überglücklich, dass wir so schnell einen guten Platz für Gini gefunden hatten, machte ich mich an meine Lieblingsbeschäftigung von früher: Einkaufslistenschreiben. Nur dieses Mal für ein echtes eigenes Pferd! Was brauchte ich alles für Ginis Abholung? Auf jeden Fall eine Decke, ein Halfter, ein Heunetz … Voller Spannung und Vorfreude packte ich alles zusammen. Ich hatte alles in Rot gekauft. Rot sollte die Farbe der Abholung von Gini sein. Aber es fehlten noch ein paar Dinge. Ich besaß zwar schon einiges, aber noch nicht alles, was man für die Ausstattung eines eigenen Pferdes braucht.

Es war ein tolles Gefühl, für Gini einzukaufen. Ich dachte immer wieder: Ich kaufe das für mein eigenes Pferd! Immer wieder hab ich mit der Vorbesitzerin getextet: Was ist die richtige Deckengröße für Gini? Wie groß muss das Halfter sein? Ganz oft habe ich auch meine Mutter um Rat gefragt: Wie hast du das damals gemacht mit deinen Pferden? Soll ich Gini Transport-Gamaschen anlegen, ja oder nein? Gleichzeitig wollte ich aber irgendwie auch alles allein entscheiden. Mamas Rat war mir wichtig – die letzte Entscheidung wollte aber ich selbst treffen.

WIRD GINI OHNE PROBLEME IN DEN HÄNGER GEHEN?

Für die Abholung von Gini liehen wir uns einen Hänger aus, da wir noch keinen eigenen besaßen. Ich wusste, ich würde sie selbst in den Hänger führen. Und auch hier zeigte sich wieder: Ich hatte die richtige Entscheidung getroffen, ich hatte das richtige Pferd! Selbst der aufregende Moment des Verladens, der nicht mit allen Pferden reibungslos klappt, lief bei uns wie am Schnürchen. Gini hat mir die ganze Zeit über voll vertraut. Sie hat mir immer wieder signalisiert: Du schaffst es, dass ich in den Hänger gehe!
Ich hab mir einen Apfel genommen und bin selbst in den Hänger gegangen. Und Gini gab mir sofort das Gefühl, dass sie mitmöchte! Das hat mich so glücklich gemacht. :) Es war so ein schöner Moment, als ich ihr das alte Halfter abziehen und mein Halfter aufziehen durfte. Und dann war sie drin, und wir schlossen die Hängertür. In diesem Moment wusste ich: So, jetzt hast du die Verantwortung für dieses große Tier. Jetzt geht es los. Jetzt gibt's kein Zurück mehr!

6 ENDLICH der richtige STALL! Oder?

Ich war so glücklich, dass wir so schnell einen Stall für Gini gefunden hatten. Er bot viele Möglichkeiten und lag in der Nähe von uns. Doch etwas Entscheidendes fehlte mir.
Die Fahrt zum Stall verlief reibungslos. Gini verhielt sich ruhig hinten im Hänger, und wir waren erleichtert, dass alles so gut klappte. Doch plötzlich kam uns der Gedanke: Was machen wir, wenn was passiert? Gini war noch nie zuvor in einem Hänger mitgefahren. Was, wenn sie sich aufregte, vielleicht sogar ausrastete und schlimmstenfalls der Hänger umkippte? Daran hatten wir vorher vor lauter Vorfreude überhaupt nicht gedacht. Noch während der Fahrt schlossen wir spontan und superschnell online eine Versicherung ab.
Doch es lief zum Glück alles gut, und wir kamen sicher am Stall an. Die Anlage dort war riesengroß und sah super gepflegt aus. Am liebsten hätte ich Gini auf eine große Weide geführt, damit sie gleich losgaloppieren konnte. Doch leider ging das nicht, ich musste sie erst mal in eine Box führen. Wie schade! Es sollte sich leider herausstellen, dass dies nicht die letzte Enttäuschung bleiben würde.

HABEN WIR DIE RICHTIGE WAHL GETROFFEN?

Als die Wintersaison begann, kamen die Pferde in diesem Stall jeden Tag nur noch maximal eine Stunde raus, um sich frei bewegen zu können. Für Gini, die aus einem Offenstall kam, war das total schwer. Sie war vorher 24 Stunden am Tag draußen gewesen. Paddock-Box hin oder her – die Tatsache, dass Gini nicht rauskonnte, tat mir weh. Ich machte mir viele Gedanken. Es hatte doch auf den ersten Blick alles so gut ausgesehen. Aber jetzt fühlte es sich auf einmal nicht mehr richtig an.

Dieser Stall, in dem wir damals waren, war ein Sportstall. Hier wurde sehr ambitioniert und mit viel Ernsthaftigkeit für Turniere trainiert. War es das, was Gini und ich wollten? Ich hatte ganz andere Vorstellungen: Ich wollte Spaß haben mit meinem Pferd und auch mal Quatsch mit Gini machen dürfen. Doch das wurde auf diesem Hof nicht gerne gesehen. Manchmal hab ich es heimlich gemacht, mich dabei aber natürlich unwohl gefühlt.

Ich begann, vor Ort Reitstunden zu nehmen. Mir war wichtig, dass jemand ein Auge auf mich hatte, ich nicht ganz allein mit Gini war, und wir nicht nur allein unsere Runden drehten. Mein Ziel war es, ganz viel zu lernen und mich im Umgang mit Gini, mit ihr gemeinsam, zu verbessern. Im Unterricht stellte sich aber heraus, dass hier eine ganz andere Haltung vorherrschte. Die Reite-

AM TAG DER ABHOLUNG

rinnen und Reiter wurden im Grunde dazu ausgebildet, erfolgreich zu sein, anstatt dass mit dem Pferd gearbeitet wurde. Ich fand damals schon, dass genauso auch auf das Pferd geachtet werden muss. Doch das fand dort nicht statt. Ginis junges Alter und dass sie noch gar keine Kenntnisse besaß, wurden nicht miteinbezogen. Ich wollte außerdem immer gerne alles mit einer gewissen Ruhe machen. Ich wünschte mir Reitlehrer, die sich Zeit nahmen und denen man Fragen stellen konnte – nicht das typische Warmreiten, Gangarten-Üben, Übergänge-Üben, und das war's.

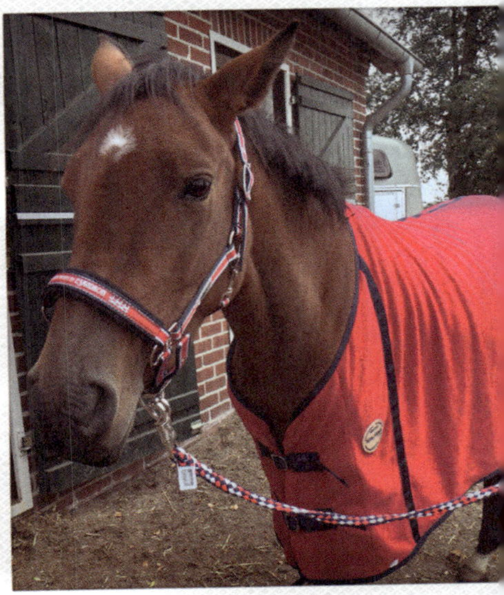

GINI MIT DECKE

Für mich war auch nicht in Ordnung, dass dort wie selbstverständlich Ausbinder, also Hilfszügel, benutzt werden sollten. Durch Ausbinder sind die Pferde gezwungen, den Kopf nach unten zu halten. Für Reitanfänger mag es einfacher sein, auf einem ausgebundenen Pferd den korrekten Sitz zu erlernen, aber es gibt jede Menge Nachteile für das Pferd. Und das wollte ich nicht! Im Unterricht ging es sehr ernst zu – und immer nur darum, gut auf dem Pferd auszusehen, die perfekte Haltung zu haben. Mich beschlich immer mehr das deutliche Gefühl: Das hier ist nichts für mich. Hier haben wir nicht die Freiheit, die ich mir für mich und mein Pferd vorgestellt habe!
Ich bemerkte auch, dass es Gini nicht gut ging und dass sie zunehmend gestresst war. Und das hat natürlich auch auf mich abgefärbt.

Ich fühlte mich oft angespannt. Ich war die Jüngste im Stall und hatte das Gefühl, die anderen trauten mir das als 12-Jährige nicht zu, sondern dachten, ich mache nur Quatsch mit meinem Pferd. Dabei waren sie einfach nur anders als ich. Ich wollte Gini erst mal ganz spielerisch mit dem Reitplatz vertraut machen, mir war es wichtig, sie gut und behutsam auszubilden. Die anderen wollten eher trainieren und erfolgreich an Turnieren teilnehmen.

Mein Vater und ich hatten beide das Gefühl, unter ständiger Beobachtung der anderen zu stehen. Wir fragten uns: Machen wir etwas falsch? War es überhaupt richtig gewesen, das Pferd zu kaufen? Meine Mutter hatte ja ihr eigenes Pferd und konnte sich deshalb nicht mit um Gini kümmern. Das hatten wir von Anfang an so abgesprochen.

Auch dass ich YouTuberin war, hat nicht gerade dazu beigetragen, wirklich akzeptiert oder respektiert zu werden.

Wenn ich mich rückblickend aus der Vogelperspektive betrachte, habe ich mich in diesem ersten Stall immer sehr unsicher gefühlt. Alle anderen schienen so viel sicherer. Ich dagegen wusste nicht, ob ich alles richtig umsetze, und hätte gerne jemanden gehabt, den ich öfter hätte um Rat fragen können.

Diese Unsicherheit und das ständige Beäugtwerden führten am Ende dazu, dass ich selbst auch immer ernster wurde. Manchmal verhielt ich mich Gini gegenüber schon so fordernd wie die anderen mit ihren gut ausgebildeten Pferden, nach dem Motto: »Los jetzt, du musst funktionieren.« Aber Gini war ja erst ein halbes Jahr unterm Sattel! Wenn dann auch noch etwas nicht gleich klappte, dachte ich sofort: Mist, jetzt sehen die anderen, dass ich was falsch mache. So konnte es nicht weitergehen.

IM NEUEN ZUHAUSE ANGEKOMMEN

MEIN DAD, GINI UND ICH

SCHÖNE MOMENTE – ABER DAS REICHT NICHT

Natürlich gab es in diesem Stall auch Momente, die schön waren. Was mir sehr gut gefiel, war zum Beispiel, dass ich endlich alles allein entscheiden konnte. Das Putzen, Fertigmachen und Trensen meines Pferdes ... Es lag jetzt alles in meiner Verantwortung, und das gefiel mir. Ich konnte selbst entscheiden, wie lange ich Gini striegelte oder nicht, ob ihre Beine an dem Tag blitzsauber sein mussten oder eben nicht.

Ein wunderschöner Moment war für mich auch der, als der Platz gerade frisch abgezogen worden war und wir dort das erste kleine Familienfoto machten. Mein Vater, Gini und ich zusammen – da hat es sich so angefühlt, als würde ich meinen Traum leben.

Nach den Reitstunden bin ich immer noch mit einer Freundin, die ich im Stall kennengelernt hatte, eine Trockenrunde geritten. Wie echte Turnierreiter haben wir unseren Pferden nach dem Unterricht eine Decke aufgelegt und sind ganz gemütlich im Schritt geritten. Auch das Reiten in der Dämmerung mit ein paar anderen Mädchen und wie wir uns beim Reiten miteinander unterhalten haben, habe ich in schöner Erinnerung.

Oben im Stall gab es ein Stübchen mit einer großen Glasscheibe – man konnte von dort auf die ganze Halle runterschauen und anderen beim Reiten zusehen. Das mochte ich.

Und wenn ich Heu für Gini geholt habe, bin ich damit durch den Stall gelaufen, als wäre ich schon eine von den Großen. Das war schon cool!

Technisch war der Stall auch super ausgestattet: Es gab viele verschiedene Trainingsmöglichkeiten dort, auch coole Hindernisse auf dem Springplatz ... Aber ich wollte erst mal eine gewisse Grundbasis aufbauen und nicht gleich Hochleistungssport betreiben und Gini nur wie ein Sportgerät behandeln.

DAS ERSTE MAL AUF GINI REITEN

Sie war mein kleines Baby, das beschützt werden musste, und ich war ihre Vertrauensperson, nicht ihre Antreiberin, die es nur auf Erfolg abgesehen hatte! Den großen Vertrauensvorschuss, den sie mir schenkte, wollte ich auf gar keinen Fall missbrauchen. Wir kannten uns ja erst ganz kurz, auch wenn es sich anfühlte, als wären wir schon ewig zusammen. Ich wollte mich erst mal ganz in Ruhe in sie einfühlen und nicht vor den anderen so tun, als würden wir schon superlange miteinander klarkommen.

Was sehr erstaunlich war: Gini hat sich trotz allem von Anfang an so verhalten wie die anderen Pferde. Sie hat immer alles mitgemacht, hat sich nie erschrocken, hat sich nie gewehrt … Was man ja eigentlich von einem ganz jungen Pferd erwarten würde. Das liegt einfach daran, dass sie so toll ist. Aber dadurch haben leider auch die Reitlehrer automatisch die Erwartungen an sie sehr hochgeschraubt. Auch ich ertappte mich mehrmals dabei. Zum Glück ist es mir immer wieder aufgefallen, und ich habe im Blick behalten, dass sie noch sehr jung war und ich auf sie achtgeben musste.

Der Stall war ja glücklicherweise nicht weit von uns entfernt. Ich konnte allein mit dem Fahrrad zum Stall fahren. Aber mein Vater machte sich zunehmend Sorgen, ob ich das wirklich alles hinbekommen würde. Es war sehr viel Arbeit, und er spürte auch den Druck und die gedrückte Stimmung zwischen mir und den anderen. Er ist oft bei mir vorbeigekommen, um zu schauen, ob er mir helfen kann, obwohl auch er viel zu tun hatte im Büro. Diese Zeit war auch für ihn nicht leicht. Schon das Rein- und Rausstellen aus der Paddock-Box war komplizierter, als wir gedacht hatten. Man musste sich immer mit den anderen absprechen.
Ich hab mir oft noch auf dem Nachhauseweg Gedanken gemacht, ob ich auch wirklich an alles gedacht habe, ob ich die Boxentür richtig zugemacht habe, ob ich das Futter richtig weggestellt habe ... Manchmal war ich ganz durcheinander und auch ein bisschen überfordert. Ich wollte doch alles so gut machen und war mir ständig unsicher.
Habe ich Gini heute richtig behandelt?, fragte ich mich manchmal. Wenn ich mal ungeduldig mit ihr gewesen war, tat es mir im Nachhinein sehr leid, und ich grübelte darüber nach, ob Gini jetzt sauer auf mich war ... Ich wollte sie doch eigentlich erst mal richtig kennenlernen, statt einfach nur auf ihr zu reiten.
Das waren ganz schön viele Gedanken und Sorgen, die mir da jeden Tag durch den Kopf gingen, insgesamt war's keine leichte Zeit für uns. Eigentlich hätte doch alles einfach nur schön sein sollen!
Mein Dad wiederum hatte Angst, dass etwas passieren könnte, weil Gini vielleicht nicht immer so reagieren würde, wie es von ihr erwartet wurde. Wir standen dadurch beide oft unter Stress und haben uns manchmal gefragt, ob wir die richtige Entscheidung getroffen haben. Irgendwann wurde uns klar: Es geht so nicht mehr. Wir müssen ein anderes Zuhause für Gini suchen!

JEDE ERFAHRUNG IST WERTVOLL

Ich finde es wichtig, dass man sehr genau hinschaut, was man für sich und sein Pferd möchte. Und ich kann heute sagen: Auch wenn ich viele anstrengende und herausfordernde Momente in diesem ersten Stall mit Gini erlebt habe, bin ich froh, diese Erfahrung gemacht zu haben. Denn genau dadurch habe ich gelernt, was ich mir nicht für uns wünsche. Ich bereue unsere Entscheidung nicht. Man sollte Erfahrungen machen, auch durch solche Situationen durchgehen und schauen: Was passt für mich?

MEIN HERZ GEHÖRT GINI

Ich habe sehr viel gelernt dort, über Gini und über mich und über unseren gemeinsamen Weg. Für viele Menschen und ihre Pferde mag dieser Stall genau der richtige sein. Nur eben nicht für mich, weil meine Einstellung und meine Absicht einfach andere sind. Ich will Gini sehr gut ausbilden und trotzdem einfach frei mit meinem Pony sein.

ENDLICH DAS RICHTIGE ZUHAUSE!

Jetzt hieß es also, möglichst schnell einen neuen Stall zu finden. Wir wollten unbedingt in einen Offenstall, in dem die Pferde sich frei bewegen konnten. Eins war mir sofort klar: Ich wollte meine Mutter in meiner Nähe haben, ich wünschte mir ihre Sicherheit an meiner Seite. Meine Mutter wusste ja alles und kannte sich so gut aus in der Reiterwelt. Ich wollte mich an sie wenden können, wenn etwas war.

Wir hatten schon länger überlegt, wie es wäre, einen gemeinsamen Stall für unsere Pferde zu haben. Dann könnten wir auch zusammen ausreiten. Das wäre so schön! Da die beiden Pferde bisher getrennt waren, hätte man für einen gemeinsamen Ausritt das eine Pferd zum anderen transportieren müssen, und so was macht man ja nicht mal eben für ein paar Stunden.
Es war ein riesiges Glücksgefühl, als wir den Stall fanden, in dem wir heute sind, alle zusammen: Bonita, Gini, meine Mutter und ich. Schon am ersten Tag, als wir dort ankamen, wurden wir mit ganz großer Freude willkommen geheißen. Man hat gemerkt, dass die Leute hier kein Problem damit hatten, einer 12-Jährigen zuzutrauen, sich um ihr eigenes Pferd zu kümmern.
Das Allerschönste war, als sich Gini und Bonita in der Reithalle direkt auf den Boden gelegt und gewälzt haben. Im vorherigen Stall war das verboten gewesen. Man durfte das Pferd nicht frei laufen lassen. Hier war das anders. Meine Mutter und ich hatten Tränen in den Augen, als wir unsere Pferde so sahen. Ein Pferd wälzt sich nämlich nur, wenn es sich wohlfühlt. Und als Gini mir das gezeigt hat, da wusste ich: Jetzt bist du zu Hause. Jetzt fangen unser Kennenlernen und unser gemeinsames Leben erst so richtig an!

Ginis Steckbrief

GINIS GEBURTSDATUM: 19.05.2012

GINIS VOLLSTÄNDIGER NAME: Virginia

SO WÜRDE ICH GINIS CHARAKTER BESCHREIBEN: willensstark, gechillt, treu, liebenswert, für jeden Spaß zu haben, lernbegierig, freudig

DAS MAG SIE AM LIEBSTEN: ausreiten, denke ich, weil sie da immer super entspannt ist und neue Sachen lernt (denn sie ist schnell gelangweilt)

DAS MAG SIE GAR NICHT: Wind und schlechte Laune

DAS FRISST SIE AM ALLERLIEBSTEN: Bananen

MEINE LIEBLINGSFARBE AN GINI: Rot. Seit der Abholung benutze ich besonders gerne rote Sachen für sie, wie zum Beispiel eine Decke. Auch der rote Futtereimer ist bis heute in Gebrauch.

SO BEGRÜSSEN WIR UNS: Ich rufe »Gini!« und freue mich, wenn sie sich umdreht und direkt kommt, dann streichle ich sie.

UNSER ABSCHIED GEHT SO: flehmen und einen Kuss geben

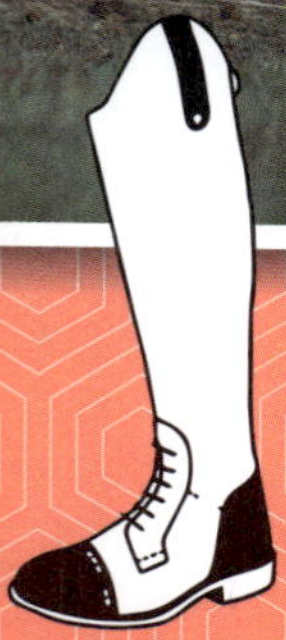

7 FREIHEITSDRESSUR UND jede Menge Tricks

Meine YouTube-Videos brachten auch noch einen weiteren wichtigen Menschen in mein Leben: Jenny. Sie ist gelernte Pferdewirtin und hat eine sehr besondere Gabe. Durch Jenny lernte ich wieder ganz neue Facetten kennen, was das Reiten und das Verstehen von Pferden angeht.

Im Sommer 2016, ich war damals 12 und Gini noch nicht bei mir, bekam ich eine E-Mail von Jenny. Sie ist auch YouTuberin, ihr Kanal heißt »blindly follow horses«. Ihre Nachricht war eine Einladung, auf ihrem Hof vorbeizuschauen und ihre Pferde kennenzulernen. Was für eine tolle Überraschung! Jennys Hof lag, wie Andreas Gestüt auch, ungefähr 30 Minuten mit dem Auto von uns entfernt, und ich musste etwas warten, bis wir ihre liebe Einladung annehmen konnten. Ich war zu der Zeit ja auch noch jede Woche bei Andrea im Reitunterricht, und meine Eltern arbeiteten beide tagsüber. Doch in den nächsten Schulferien war es dann endlich so weit!

Jenny und ich haben uns von Anfang an super verstanden. Sie hat mir ihre Pferde vorgestellt und mir gezeigt, wie sie mit ihnen Freiheitsdressur-Übungen macht und ihnen Tricks beibringt. Hast du schon mal gesehen, wie ein Pferd flehmt (die Oberlippe anhebt, sodass es aussieht, als ob es lacht) oder sich auf seine Hinterbeine setzt? Es macht Riesenspaß, auch mal solche verrückten Sachen mit einem Pferd zu erleben.

Jennys Umgang mit Pferden ist sehr stark auf das Vertrauen und Verstehen des Pferdes ausgerichtet. Bei ihr sieht irgendwie alles so spielerisch aus, obwohl unglaublich viel Arbeit und Geduld dahintersteckt. In Jennys Welt geht es auch nicht um Turniere, sondern mehr um Freiheit und darum, einfach auf eine andere Art Spaß mit dem Pferd zu haben. Das finde ich sehr sympathisch. Jede Reiterin hat ja andere Ziele und Vorstellungen für sich und ihr Pferd, und ich finde es toll, dass es verschiedene Wege und Möglichkeiten für alle gibt. Ich selbst musste erst einmal all diese verschiedenen Dinge kennenlernen und ausprobieren, um zu wissen, was ich will und was nicht.

Bei Jenny durfte ich lernen, dass Reiten viel mehr ist als bloßes Reiten. Jenny legt ihren Fokus sehr stark auf die Bodenarbeit von Pferd und Reiter. Viele Menschen denken ja beim Reiten an »Aufsteigen und los geht's«. Doch schon am Boden beginnt ein ganz wichtiger Teil des Reitens: der Aufbau von Vertrauen, das erste Führen am Halfter, das Einüben des Stehenbleibens und vieles mehr.

Mich hat es sehr beeindruckt, an Jennys Beispiel zu erleben, dass man mit ganz einfachen Kommandos, zum Beispiel über die eigene Stimme, mit der Hand oder mithilfe einer ganz leichten Bewegung der Gerte, mit dem Pferd kommunizieren kann.

Unser Kennenlernen damals hat mir so gut gefallen, dass ich gerne öfter kommen wollte. Jenny und ich haben uns dann darauf geeinigt, dass ich sie besuchen darf, wann immer ich Zeit habe. Zusammen mit den Reitstunden bei Andrea war das die ideale Kombination für mich.

JENNYS BESONDERE GABE

Am Anfang habe ich gar nicht verstanden, warum Jennys YouTube-Kanal »blindly follow horses« heißt. Erst als sie mir von ihrer Sehbehinderung erzählt hat, wurde mir klar, was damit gemeint ist. Es ist wörtlich gemeint. Ich habe mich oft gefragt: Wie kann man einem anderen Menschen, den man kaum sieht, das Reiten beibringen? Doch genau das kann Jenny. Sie hat mir einmal erklärt, dass sie allein an den Umrissen erkennt, wenn ich meine Hand oder meine Hacke korrigieren muss. Das finde ich sehr beeindruckend.

Für mich persönlich ist sie ein echtes Vorbild. Sie kann mit ihrer verminderten Sehkraft richtig gut umgehen und stellt das Thema nie in den Vordergrund – im Gegenteil: Wenn man mit ihr zusammen ist, merkt man überhaupt nicht, dass sie fast blind ist. Und ich habe großen Respekt davor, dass sie einen Beruf gewählt hat, der schon für Menschen, die gut sehen können, nicht immer einfach ist! Dass sie es dabei auch noch schafft, den Pferden mit so viel Geduld und Liebe jede Menge Tricks beizubringen ... das macht Jenny für mich zu einem ganz besonderen Menschen.

ERSTER AUSRITT MIT GINI

KENNY: EIN RIESE – UND FÜR JEDEN TRICK ZU HABEN

Bei Jenny durfte ich auf Kenny reiten. Kenny war ein beeindruckend großer und stämmiger schwarz-weißer Hengst, ein Tinker-Friesen-Mix, der unheimlich viel Fell an den Fesseln hatte. Als ich das erste Mal bei Jenny war, haben wir ihn zusammen geputzt und anschließend Bodenarbeit mit ihm gemacht. Wenn er flehmte, sah das echt süß aus, weil seine Lippen so groß und so fest waren! Mit Gini mache ich das Flehmen mittlerweile immer als unser Abschiedsritual, weil ich es einfach schön finde.

Kenny konnte auch Sitz machen, wie ein Hund. Ich musste so lachen, als er sich das erste Mal auf die Hinterhand gesetzt hat! Und er beherrschte den Spanischen Schritt aus der Dressur. Ihn zu reiten war allerdings ziemlich anspruchsvoll: Er hat sofort gemerkt, ob jemand reiten kann oder nicht. Dass er mich auf sich akzeptiert hat, war für mich als 12-Jährige eine große Ehre. Seine Schritte waren viel größer als bei den anderen Pferden, die ich schon geritten hatte, und wenn er galoppiert ist, hat unter seinen großen Hufen und seinem enormen Gewicht immer der ganze Platz gebebt. Mit Kenny durfte ich auch zum ersten Mal in meinem Leben mit einem Pferd steigen. Das war ein großartiges Gefühl.

Ich kann es immer noch nicht fassen, dass Kenny nicht mehr lebt. Er musste leider vor nicht allzu langer Zeit eingeschläfert werden, weil er sich total unglücklich einen Sehnenabriss an einem Bein zugezogen hatte. Jenny hat mir erzählt, wie schrecklich das war. Ich hätte so gerne von ihm Abschied genommen.

Der schönste Moment mit ihm, an den ich mich erinnere, war, als er auf dem Boden lag und ich ihn umarmen durfte. Ich konnte seinen Kopf richtig in meinen Armen halten! Damit hat er mir das größte Vertrauen geschenkt, was man bekommen kann! Normalerweise würden sich Flucht- und Herdentiere ja

VERLIEBT IN MINISHETTY PAUL

nicht neben einen Menschen legen. Doch Kenny lag einfach so neben uns, ganz entspannt, und wir konnten ihn streicheln.

PAUL: VERLIEBT IN EIN MINISHETTY

Jenny besaß zu der Zeit auch ein supersüßes schwarzes Mini-Shetty mit dem Namen Paul. Mit Paul durfte ich ebenfalls Bodenarbeit machen und ihn steigen lassen. Auch im Round-Pen habe ich mit ihm gearbeitet. Paul war sehr süß: Als ich mal längere Zeit weg war, meinte Jenny hinterher zu mir, dass er mich total vermisst habe. Er sei wohl ein bisschen verliebt in mich. Ich musste lachen, als sie das sagte, denn ich selbst war auch ein bisschen in ihn verliebt! :) Von Kenny und Paul gibt es ein Video auf »Mias Pferdewelt«, das nicht ohne Grund mein absolut erfolgreichstes Video ist. Es wurde schon über 3 Millionen Mal angeschaut. Die beiden begeistern mit ihren Fähigkeiten und Tricks einfach jeden Menschen.

HÄNGERTRAINING UND HORSEMANSHIP

Jenny hat eine außergewöhnliche und sehr wertschätzende Art, mit Pferden umzugehen. Das zeigt sich schon daran, wie sie ihre Pferde an den Anhänger gewöhnt. Sie reitet sogar mit ihnen in den Hänger hinein. Man muss dem Tier ja auch zeigen: Schau mal, da drinnen ist keine Gefahr. Du kannst voller Vertrauen reingehen. Das funktioniert natürlich nur, wenn man sonst auch möglichst entspannt und stressfrei mit dem Pferd umgeht. Von Jenny habe ich auch einiges über Horsemanship gelernt. Horsemanship, das ist die Pferde-Menschen-Kunst, der faire Umgang zwischen Mensch und Pferd in gegenseitigem Vertrauen und Respekt. Jenny hat mir viele Übungen dazu beigebracht und mir gezeigt, wie man sich langsam steigert: Zum Beispiel wedelt man zunächst mit der Gerte, ohne das Pferd zu berühren – ganz leicht am Anfang, dann langsam stärker werdend. Erst dann berührt man es damit und testet aus, wo die Toleranzgrenze des Pferdes liegt. All das geschieht sehr behutsam und immer respektvoll dem Pferd gegenüber. Jenny achtet sehr auf all diese Dinge, zum Beispiel auch darauf, dass das Pferd richtig steht, wenn man aufsteigt.

GLEICH ZWEI PFERDE-EXPERTINNEN AN MEINER SEITE

Andrea bekam in der Zeit, als wir Gini kauften und sie ihren Stall bezog, gerade ihr zweites Kind und hatte dadurch natürlich andere Dinge um die Ohren, als ständig für uns und unsere Fragen da zu sein. :) Deshalb war es total nett von Jenny, dass sie öfter zu uns an den Stall kam und uns unterstützte. Dass wir diese beiden Pferde-Profis an unserer Seite hatten, hat auf ganz vielen Ebenen dazu beigetragen, dass der Start mit Gini gleich so gut geklappt hat!

Neulich, als wir im Urlaub waren, hat Jenny »Urlaubsvertretung« bei Gini gemacht. Sie hat total viel Spaß daran, Gini neue Sachen beizubringen, weil Gini ja noch viel unerfahrener ist als Jennys eigene Pferde. Zwischen den beiden herrscht absolutes Vertrauen. Jenny ist auch eine der wenigen Personen, die ich auf Gini habe reiten lassen. Ich möchte nicht, dass ihr jemand falsche Hilfen gibt. Natürlich hab ich auch mal meine beste Freundin auf Gini gelassen – aber für eine längerfristige Reitbeteiligung würde ich nur Jenny in Erwägung ziehen. Sie ist einfach die absolute Fachfrau, und ich bin dankbar, dass ich so viele wertvolle Dinge von ihr lernen durfte. *Danke, Jenny!

PS: Jenny findest du auf YouTube unter blindly follow horses und auf Instagram unter blindly_follow_horses. ;-)

WIE MAN EINEM PFERD DAS FLEHMEN BEIBRINGEN KANN

Du nimmst ein Leckerli und hältst es dicht über die Oberlippe des Pferdes. Übrigens nehme ich gerne etwas Gesundes, wie zum Beispiel Hagebutten oder Kräuterleckerlis. Klein geschnittene Karotten sind auch super. Wenn du das Leckerli fütterst, machst du dabei gleichzeitig ein Handzeichen: den Zeigefinger nach oben. Sobald das Pferd anfängt, seine Lippe etwas zu heben, kannst du es sofort belohnen.

Das wiederholst du immer wieder. Allerdings nicht zu oft hintereinander – ruhig kurze Pausen einbauen. Mit der Zeit kannst du das Leckerli immer weiter weg vom Maul halten, und irgendwann funktioniert es dann schon allein mit Handzeichen. Sei nicht frustriert, wenn es nicht sofort klappt. Es braucht Zeit und geht bei jedem Pferd unterschiedlich schnell. Wichtig ist, dass du die Übung immer mit etwas Positivem beendest.

EIN PAAR WORTE ZU Leckerlis

Ich hatte mir immer vorgenommen, meinem Pferd keine Leckerlis zu geben. Denn manche Pferde gieren ja so richtig danach, vor allem wenn sie wissen, dass man immer etwas dabeihat. Dass sich diese schlechte Angewohnheit auch bei uns einschleicht, wollte ich gar nicht erst riskieren. Ich gebe Gini auch heute nur sehr selten Leckerlis, zum Beispiel wenn ich ihr einen Trick beibringe, und dann auch nur etwas Gesundes. Ein sehr netter Pferdetrainer sagte mir mal, dass manche Reiterinnen und Reiter häufig dann Leckerlis füttern, wenn sie merken, dass ihr Pferd Angst hat oder unsicher ist. Sie glauben, das Pferd mit etwas Positivem ablenken zu können. Aber genau das Gegenteil ist der Fall: Das Angsthaben wird für das Pferd mit einer Belohnung verknüpft. Für mich klingt das sehr einleuchtend. Daher versuche ich, sehr bewusst mit Leckerlis umzugehen.

8 Interview mit JENNY

WARUM HEISST DEIN YOUTUBE-KANAL »BLINDLY FOLLOW HORSES«?

Der Name ist durch meine Krankheit entstanden. Im Januar 2014 wurde bei mir ein seltener Gendefekt festgestellt, der meine Sehkraft stark einschränkt. Mittlerweile habe ich nur noch ein Sehvermögen von 10 %, von dem ich mich aber nicht einschränken lassen möchte.

Viele Jahre lang habe ich Unterricht in der Bodenarbeit und dem Natural Horsemanship gegeben und habe im Sommer 2014 meinen Trainerschein im Westernreitsport gemacht. Als ich dann im Sommer 2015 aufgrund meiner Krankheit meinen Führerschein abgeben musste, hatte ich keine Chance mehr, zu meinen Schülerinnen und Schülern zu kommen, und musste meine Tätigkeit als Trainerin einstellen. Ich fand es furchtbar schade, dass ich mein Wissen nicht mehr an andere Pferdemenschen weitergeben konnte, und habe mich daher dazu entschlossen, einen YouTube-Kanal und einen Blog zu eröffnen. Ich wollte den Ausbildungsweg mit meinen Pferden dokumentieren und anderen die Möglichkeit geben, davon zu lernen und zu profitieren.

So ist »blindly follow horses« entstanden. Ich habe nach einem Namen gesucht, der die Beziehung zu meinen Pferden beschreibt, aber auch dezent auf meine Krankheit hinweist. Die Idee »blind folgender Pferde« oder auch »den Pferden blind zu folgen«, das ist es, was mir das Wichtigste in der Arbeit mit den Pferden ist! Vertrauen!

Eine gute Partnerschaft zwischen Mensch und Pferd kann nur durch ein starkes Vertrauensband und durch eine klare Kommunikation entstehen. Dabei ist es völlig egal, ob ich mit dem Pferd vom Boden aus arbeite oder es reite. Mittlerweile bin ich sogar dabei, mein Wissen niederzuschreiben ... und wer weiß, vielleicht entsteht daraus auch mal ein eigenes Buch.

WIE HAST DU MIA KENNENGELERNT?

Bevor ich mit YouTube angefangen habe, habe ich schon Mias Kanal verfolgt. Ich war total beeindruckt von dem (damals noch kleinen) Mädchen, das den großen Traum vom eigenen Pferd hatte! Sie wirkte so selbstbewusst in ihren Videos, dass ich mir irgendwann gedacht habe: Diese tolle kleine Maus musst du kennenlernen!

Sie hatte zu dem Zeitpunkt schon mehrere andere YouTuberinnen und YouTuber besucht, und ich habe sie dann einfach zu mir und meinen Pferden eingeladen. Ich wollte ihr noch eine andere »Pferdewelt« zeigen, abseits vom Turniersport. Vor allem wollte ich ihr zeigen, welche Möglichkeiten es noch gibt, ein Pferd zu beschäftigen, ohne es direkt reiten zu müssen.

WIE WAR EURE ERSTE BEGEGNUNG FÜR DICH?

Als Mia mit ihrem Papa auf den Hof kam, wurde mir schnell klar, dass das, was man von Mia in ihren Videos sieht, nicht gespielt ist. Sie war fröhlich, aufgeweckt und auch sehr neugierig auf meine Pferde. Vor allem erinnere ich mich daran, wie sie mein Herzenspferd Kenny das erste Mal gesehen hat und neben ihm stand. Sie wirkte so klein und zierlich neben meinem Riesen, der sie vom ersten Augenblick an in sein großes Herz geschlossen hat.

WIE HAST DU MIA ALS REITSCHÜLERIN WAHRGENOMMEN?

Mia war von Anfang an eine sehr mutige Schülerin, die genau wusste, was sie wollte. Sie geht sehr behutsam mit den Pferden um und achtet immer darauf, dass sie ihnen nicht wehtut. Sie hört aufmerksam zu und macht sich immer viele Gedanken über das, was sie tut.

Bei unserer ersten Begegnung ist sie meinen Kenny geritten, einen über 700 Kilo schweren, großen Tinker-Wallach. Ihre Beine ragten damals kaum über das untere Ende des Sattels hinaus, und trotzdem konnte sie ihn sehr gut kontrollieren und reiten. Ich bin heute noch immer sehr angetan von ihrem schönen, ausbalancierten Sitz. Es ist einfach schön anzuschauen, wie sie auf dem Pferd sitzt. Da macht sie immer eine tolle Figur.

BODENARBEIT MIT MUM UND JENNY

WELCHE MOMENTE AUS EURER GEMEINSAMEN ZEIT SIND DIR BESONDERS IN ERINNERUNG GEBLIEBEN?

Die erste Begegnung. Ich habe vorher noch nie so ein mutiges junges Mädchen gesehen, das sich einfach auf ein fremdes großes Pferd setzt und losreitet, als würde sie es schon immer kennen. Außerdem fand ich es sehr schön, ihr die Freiheitsdressur und die Zirkuslektionen mit Kenny zu zeigen. Sie und Kenny hatten viel Spaß zusammen. Einen weiteren tollen Tag haben wir über ein Jahr später zusammen gehabt, als ich mit meinem Pferd Bill zu ihr an den Stall gefahren bin, um dort mit ihr und den Pferden den Tag zu verbringen. Mia hatte inzwischen ihr eigenes Pony Gini, also konnten wir zusammen aus-

JENNY MIT GINI

reiten. Es hat sehr viel Spaß gemacht, den Tag zusammen im Wald und im Sattel zu verbringen.

WAS IST DIR BEIM REITUNTERRICHT AM WICHTIGSTEN?

Für mich ist es wichtig, dem Menschen eine Möglichkeit zu vermitteln, mit seinem Pferd zu kommunizieren. Die meisten Unfälle im Reitsport entstehen durch Missverständnisse zwischen Reiter und Pferd und vor allem dadurch, dass der Mensch keine klare Kommunikation mit dem Pferd hat.

Natürlich können wir dem Pferd nicht beibringen zu sprechen wie wir Menschen. Aber das Pferd hat auch eine Sprache, die wir lernen und verstehen müssen, um eine Freundschaft mit diesem großen Tier aufzubauen. Wir Menschen sind von Natur aus Raubtiere, also der natürliche Feind des Pferdes. Warum sollte es uns vertrauen?! Wir müssen uns das Vertrauen erst verdienen, und zwar jeden Tag aufs Neue.

Eine gemeinsame Sprache mit dem Tier zu erlernen ist nicht immer ganz einfach, und da wir als Menschen oft genau gegensätzlich zum Pferd denken, kann es auch sehr frustrierend sein. Wenn wir aber erst mal eine gemeinsame Basis der Kommunikation gefunden haben, werden wir jeden Tag aufs Neue merken, wie die Freundschaft zwischen dem Pferd und uns wächst. Natürlich ist es auch super wichtig, Pferd und Reiter zu motivieren, einen Sinn in dem, was sie tun, zu finden.

Ich lehne jegliche Gewalt dem Pferd gegenüber ab. Der Mensch hat die Aufgabe, sich so fortzubilden, dass er dem Pferd nicht wehtut bei dem, was er mit ihm vorhat, und es vor allem gesund erhält! Das ist unsere Aufgabe als Pferdehalterinnen und Reiterinnen. Wenn wir uns schon auf ein Tier setzen, sind WIR in der Verantwortung, dass es dem Tier dabei gut geht und es keinerlei Schaden durch uns nimmt!

All das, was uns das Pferd gibt, ist ein Geschenk, und als solches müssen wir es auch wahrnehmen. Es ist nicht selbstverständlich, und wir sollten jeden Tag dafür dankbar sein. Ich versuche also, in meinem Unterricht zu vermitteln, dass das Pferd wertgeschätzt wird.

Ich bekomme auch oft die Frage, wie ich denn jetzt noch Unterricht geben könne mit meiner Sehbehinderung. Ich sehe stark verschwommen, das heißt aber nicht, dass ich komplett blind bin. Mir reicht es, die Umrisse von Pferd und Reiter zu sehen. Der Rest ist Gefühlssache.

BEI DIR HAT MIA VIEL ÜBER FREIHEITSDRESSUR GELERNT. WAS GENAU VERBIRGT SICH HINTER DEM BEGRIFF? WAS BEGEISTERT DICH DARAN?

Freiheitsdressur bedeutet für mich, eine ganz besondere Verbindung mit dem Tier zu haben. Ein großer Pferdemensch, Pat Parelli, sagte

einmal einen sehr wichtigen Satz: »Wenn du das Seil weglässt, bleibt nur eins übrig: die Wahrheit!« Damit hat er es auf den Punkt gebracht.
Ein Pferd, das mir »frei« (das heißt ohne jegliche Ausrüstung, die es festhalten könnte) folgt, schenkt mir großes Vertrauen und beweist damit seine Freundschaft. Wenn es dann auch noch motiviert frei mit mir »spielt« und sich auf minimalste Zeichen hin lenken lässt, dann habe ich eigentlich alles erreicht, was ich mir erträumt habe: einen Freund an meiner Seite zu haben, der Lust hat, mit mir zu arbeiten, mit mir zu lernen und sich bewusst dazu entscheidet, mit mir Zeit zu verbringen.

DAS PRINZIP HORSEMANSHIP IST AUCH ETWAS, DAS MIA BEI DIR KENNENGELERNT HAT. WIE WÜRDEST DU BESCHREIBEN, WORUM ES DABEI GEHT?

Für mich ist Horsemanship nichts anderes als eine Sprache zwischen Pferd und Mensch, sich in die Lage des Pferdes zu versetzen, zu lernen, wie ein Pferd zu denken, und eine gemeinsame Basis der Kommunikation zu finden. Dazu gehört für mich auch die Kontrolle über sich selbst. Man muss lernen, seine Emotionen zu kontrollieren. Hört sich einfach an, ist es aber absolut nicht. Man lernt im Umgang mit Pferden sehr viel über sich selbst, was einem auch im normalen Leben helfen kann.
Ich erwarte keine Perfektion von meinen Pferden und zwinge sie nicht, irgendetwas zu tun, nur weil man es »eben so macht« oder weil es gerne gesehen wird. Es ist doch viel schöner, die Idee des Pferdes aufzugreifen und es durch richtiges Loben, also richtige Motivation, zu unterstützen und zu stärken. Das ist für mich Horsemanship. Andere würden es vielleicht als »Pferdeflüstern« bezeichnen. Ich bezeichne es lieber als echte Freundschaft zwischen Mensch und Pferd.

MIT JENNY ÜBER PFERDE QUATSCHEN

BODENARBEIT MIT KENNY

DU MACHST AUCH SEHR HUMORVOLLE ZIRKUSÜBUNGEN MIT PFERDEN. WIE BIST DU DARAUF GEKOMMEN? UND DAUERT ES SEHR LANGE, PFERDEN SOLCHE TRICKS BEIZUBRINGEN?

Ja, der Spaß im Training ist ganz wichtig! Meine Pferde können zum Beispiel niedliche Tricks wie Ja und Nein sagen, oder sie setzen sich hin wie ein Hund. Allerdings ist es erstens wichtig, dass man solche Lektionen seinen Pferden erst beibringt, wenn man ein richtig gutes Verhältnis zu ihnen aufgebaut hat, und dass zweitens die Pferde nichts aus Eigeninitiative machen. Wäre doch ganz schön blöd, wenn das Pferd sich beim Tierarzt oder Hufschmied einfach mal »hinsetzen« würde oder sich nicht am Kopf anfassen ließe, nur weil es ständig mit dem Kopf schüttelt und somit hofft, ein Leckerchen fürs Neinsagen zu bekommen. Da sollte man also wirklich aufpassen, dass man den Pferden nicht zu früh »Quatsch« beibringt.
Und ob es lange dauert? Na ja, es kommt auf den Trick an. Ein Pferd kann ohne Probleme innerhalb weniger Minuten das Kopfschütteln, also Neinsagen erlernen. Das Hinsetzen hingegen kann mehrere Monate dauern.

WAS GEFÄLLT DIR BESONDERS GUT AN GINI?

Gini ist einfach zuckersüß! Sie ist unheimlich brav und gibt sich immer sehr viel Mühe, alles richtig zu machen. Sie ist sehr geländesicher und hat superschöne, schwungvolle Gänge. Es sieht einfach immer toll aus, wenn sie läuft!

DU HAST JA NETTERWEISE AUCH SCHON EINMAL URLAUBSVERTRETUNG FÜR MIA GEMACHT UND DICH UM GINI GEKÜMMERT. HAT SIE DA IMMER BRAV MITGEMACHT, ODER GAB ES MOMENTE, IN DENEN ETWAS NICHT GLEICH GEKLAPPT HAT, WEIL DU NICHT DAS »FRAUCHEN« VON GINI BIST?

Nein, sie war immer artig! Das liegt aber an ihrem Charakter. Sie will allen gefallen. Ich habe angefangen, mit ihr frei im Round-Pen zu arbeiten. Da war sie sehr aufmerksam und ganz klar in ihrer Pferdesprache. Gini ist einfach zu trainieren, wenn man ihre Sprache versteht und auf sie eingeht. Sie ist mir schon frei gefolgt und neben mir hergaloppiert. Das war großartig!

Ich wünsche mir, dass Mia noch eine sehr, sehr lange und schöne Zeit mit Gini hat! Es war immer ihr Traum, ein eigenes Pony zu haben, und den konnte sie sich mit Ginimaus erfüllen! Ich bin sehr stolz und dankbar, Teil dieser Reise zu sein, und bin gespannt, was die beiden noch gemeinsam schaffen werden! Danke für diese tolle Freundschaft, die erst durch YouTube entstanden ist!

So gewinnst du das Vertrauen deines Pferdes

Vertrauen, Respekt und ein liebevoller Umgang sind das Allerwichtigste in der Verbindung zwischen Mensch und Pferd. Vertrauen baut sich langsam auf. Und es hört nie auf: Man muss sich das Vertrauen seines Pferdes immer wieder neu verdienen.
Dass ich Gini sehr stark vertraue, habe ich schon gespürt, als ich sie zum ersten Mal Probe geritten habe. Genau genommen an dem Punkt, an dem ich ohne Sattel auf ihr saß. Ohne Sattel hat man ja viel weniger Halt auf dem Pferd und kann leicht runterfallen. Man spürt jeden einzelnen Muskel, jede noch so kleine Bewegung des Pferdes. Dass Gini zugelassen hat, dass ich schon bei diesem allerersten Mal rückwärts auf ihrem Rücken sitze, war auch ein sehr deutliches Zeichen für ihr Vertrauen in mich. Und auch meinem Dad ist Gini schon bei der ersten Begegnung hinterhergelaufen – irgendwie war das ja schon ein kleiner Vertrauensbeweis.

Vertrauen entsteht unter anderem durch gute Führung. Das Pferd muss deutlich wahrnehmen, dass man weiß, wo es langgeht, egal ob auf seinem Rücken oder am Boden. Es darf nicht das Gefühl haben, dass es über dir steht und du ihm Dinge durchgehen lässt, die es eigentlich nicht tun sollte, zum Beispiel dass es weiterläuft, wenn es stehen bleiben soll. Das Führen in den Hänger habe ich ja schon erwähnt – der Reiter geht voran, er führt das Pferd und zeigt ihm, dass das, was das Pferd vielleicht für eine Gefahr hält, gar keine Gefahr ist, dass ihm nichts passieren wird.
Diese Haltung von »Ich führe dich, ich kenne mich aus, du kannst dich auf mich verlassen« zu spüren ist für das Pferd extrem wichtig.

Ich würde auch nicht gern mit meinem Vater Auto fahren, wenn ich das Gefühl hätte, er weiß nicht, was er da tut und wo es langgeht! Und Eltern lassen ihren Kindern ja auch nicht immer alles durchgehen. Was ja im Prinzip auch gut so ist, selbst wenn's im ersten Moment manchmal schwerfällt, das zu akzeptieren. :)
Pferde spüren jede kleinste Gefühlsregung von dir. Deshalb sollte man als Reiterin im Idealfall viel Sicherheit und Zufriedenheit ausstrahlen. Dann fühlt sich auch das Pferd sicher und zufrieden. Es hilft dabei sehr, viele verschiedene Situationen gemeinsam zu erleben, zum Beispiel gemeinsame Spaziergänge zu machen, den Reitplatz langsam gemeinsam zu erforschen usw.

Ich erinnere mich noch an den Tag, als ich mit Gini neben einer Weide spazieren gegangen bin. Es war Anweidezeit, und wir haben die Pferde langsam ans Gras gewöhnt. Ich hab den Strick abgemacht, weil ich sie kurz grasen lassen wollte. Ich dachte, sie rennt eh nicht weg, weil sie sich voll und ganz auf das Gras konzentriert. Auf einmal ist sie weggaloppiert! Ich hatte überhaupt keine Ahnung, warum. Doch sie hatte in der Ferne zwei Pferde mit Reiter gesehen und ist zu den anderen Pferden hingelaufen. Ich hab mich erst mal wahnsinnig erschrocken. Die Reiter, die unterwegs waren, haben geholfen, Gini wieder einzufangen. Die Situation war nicht wirklich schlimm, aber für mich war es eine wichtige Erfahrung: Gini kann immer unerwartet weglaufen. Daher ist es so wichtig, sich in den verschiedensten Situationen und auch Geräuschkulissen kennenzulernen.

Wenn mal etwas passiert, das du von deinem Pferd noch nicht kennst, dann hab immer Nachsicht und Geduld mit ihm. Eine Reitlehrerin hat mir mal erklärt, dass Pferde nichts aus Boshaftigkeit oder »mit Absicht« machen. Pferde können gar nicht böse sein, sagte sie mir. Ich bin ihrer Meinung und finde, wenn wir uns etwas nicht erklären können am Verhalten von Pferden, dann verstehen wir sie eben (noch) nicht gut genug. Ganz oft steckt wirklich nur Nervosität oder Unsicherheit dahinter oder auch ein Missverständnis zwischen Reiter und Pferd. Meine Erfahrung ist: Wenn man ein Pferd gut behandelt, dann ist es auch ausgeglichen und verhält sich entsprechend.

Hilfreiche Tipps, UM DAS VERTRAUEN ZWISCHEN DIR UND DEINEM PFERD AUFZUBAUEN

1. Zeige eine selbstbewusste, stolze Körperhaltung.
2. Benutze eine Sprache, die das Pferd versteht und die ihm klarmacht, was du von ihm willst.
3. Sei eine Führungspersönlichkeit für das Pferd.
4. Strahle immer Ruhe und Gelassenheit aus.
5. Sei in jeder Situation konsequent,

sonst lernt das Pferd nicht, was richtig ist und was nicht.

6. Lass nicht zu, dass das Pferd dich bedrängt. Zeige ihm, dass du einen persönlichen Bereich hast, den das Pferd nicht überschreiten darf.

7. Hab Geduld!

8. Lobe bei jeder Kleinigkeit, damit das Pferd gut von schlecht unterscheiden kann.

9. Verbringe viel Zeit mit deinem Pferd.

10. Putz dein Pferd oft. Und lobe es nach jeder Putzeinheit, vor allem auch beim Hufauskratzen. Die Verlagerung des Gewichts nimmt dem Pferd sein Gleichgewicht; es muss lernen, das zu können und dir dabei zu vertrauen. Ich kann mich noch an die Anfangszeit mit Gini erinnern, wo es gar nicht so einfach war, ihr die Hufe auszukratzen, weil sie erst einmal lernen musste, sich auszubalancieren.

11. Wiederhole vieles, auch kleine Dinge.

12. Hab immer Respekt vor deinem Pferd.

13. Sei nie wütend. Das Pferd macht alles, was es tut, instinktiv, es kann nicht anders.

14. Geh mit deinem Pferd spazieren. Gemeinsame Spaziergänge machen nicht nur Spaß – dein Pferd lernt dabei auch Spaziergänger, Autofahrer, Jogger, Hunde, verschiedene Geräusche und viele andere Dinge kennen!

9 Die ersten Wochen mit Gini, mein Allrounder-Pferd und eine Hate-Welle

Mein Traum war also endlich wahr geworden: Ich hatte mein eigenes Pferd! Und hatte das passende Zuhause für Gini gefunden! Anfangs konnte ich es noch gar nicht richtig glauben. Aber wie ging es jetzt weiter?

Man könnte meinen, jetzt, wo Gini da war, hätte ich mich am liebsten sofort auf sie draufsetzen und losreiten wollen. Doch für mich war etwas anderes viel wichtiger: dass wir uns miteinander vertraut machen und sie sich in ihrem neuen Zuhause gut einleben und wohlfühlen konnte. Ich wollte Routinen mit ihr schaffen, ihr den Stall zeigen, ihr langsam näherkommen. So habe ich erst einmal viel Zeit mit ihr verbracht und bin mit ihr spazieren gegangen.

Außerdem hatte ich immer noch nicht alle Sachen, die ich für sie brauchte. Mir fehlte noch eine Trense in ihrer Gebissgröße. Ich musste aber erst herausfinden, welche die richtige Größe war. Auch den Umfang ihrer Stirn kannte ich noch nicht ... Ein Update meines Spinds stand also an: Was hatte ich schon alles, was musste ich neu besorgen? Dazu haben wir auch ein Video gedreht, es heißt »Mein Spind«. Du siehst darin, wie mein Dad und ich den Spind in den Stall tragen und ihn einräumen.

WAS MUSS ALLES REIN IN DEINEN SPIND?

Ich liebe es, wenn mein Spind schön aufgeräumt ist. Das ist er aber leider nicht immer. :) Am Anfang kauft man sehr viele Dinge, von denen man glaubt, dass man sie später braucht. Hinterher merkt man dann, dass man gar nicht alles benutzt. Ich glaube, das geht ganz vielen Reiterinnen so. Mein Spind ist jedenfalls ziemlich vollgestopft! Aber: Ich finde immer, was ich brauche!

Von den Halftern, die ich habe, verwende ich eigentlich immer dasselbe. Vor ein paar Jahren hab ich auch mal eine Westerntrense für Gini gekauft, weil ich sie so schön fand. Benutzt habe ich sie aber noch nie. Auch eine Fliegendecke aus einer ganz bestimmten Kollektion einer Marke, die unter Reiterinnen und Reitern sehr bekannt ist, habe ich erstanden – aber auch die brauche ich, ehrlich gesagt, überhaupt nicht.

Mit der Zeit realisiert man, was man wirklich benötigt und was überflüssig ist. Das Einzige, was ich regelmäßig kaufe, ist Futter. Das ist eigentlich schon alles – aber auch das, was Gini am wichtigsten ist (komisch ... ;)). Manchmal, wenn man in einem neuen Katalog blättert, denkt man: Ich könnte meinem Pferd mal wieder was Schönes gönnen. Ähnlich, wie wenn man sich selbst neue Klamotten kauft und sich danach ganz neu und frisch fühlt. Ab und zu kaufe ich Gini dann auch mal was Neues. Ansonsten geht mein Griff immer, wenn ich meinen

Spind öffne, zu den gleichen Dingen: Halfter, Trense, Helm, Stiefel, Gerte und Putzbox. Das war's. Ansonsten habe ich noch ein paar Medikamente, ein Desinfektionsmittel, das wir mal brauchten und von dem wir gleich eine große Flasche gekauft haben, und ein Erste-Hilfe-Set.

Mein Spind hat ein Fach, das man ausziehen kann, darin bewahre ich neue Bürsten und Hufkratzer auf. Vieles davon sind Geschenke von Fans. Die Bürsten sind zum Teil mit Strasssteinchen beklebt oder mit Ginis Namen bemalt ... Unsere Fans haben sich richtig viel Mühe gegeben. Also ist dieses Fach eigentlich eher meine Fanbox. :)

Praktisch an meinem Spind ist, dass er schön groß ist. Meine Mutter und ich haben uns damals zwei Bundeswehrschränke besorgt, die sehr viel Raum bieten. Denn sonst platzt ein Spind, gerade wenn man auch Decken darin aufbewahren will, schnell aus allen Nähten.

AM WICHTIGSTEN SIND ALSO FÜR DEINEN EIGENEN SPIND:

Halfter
Trense
Helm
Stiefel
Putzbox
Decke
Erste-Hilfe-Kasten
Desinfektionsmittel
evtl. Medikamente

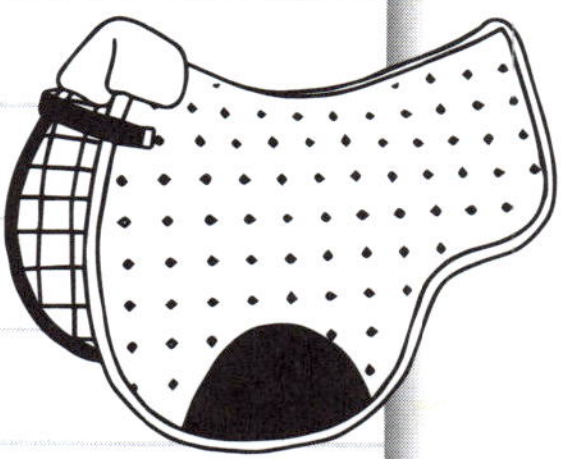

DIE ERSTEN REITSTUNDEN MIT GINI

Der neue Offenstall war perfekt, er bot uns ganz viele Freiheiten. Nach und nach erkundeten Gini und ich den Stall und seine Umgebung. Auch ein wunderschönes Ausreitgelände mit einem Bach gab es ... Ich war begeistert.

Reitunterricht wollte ich im neuen Stall noch nicht sofort nehmen. Zunächst wollte ich gerne selbst mit Gini arbeiten und in Ruhe herausfinden: Geht es ihr gut hier? Wie kommen wir beide miteinander klar?

Meine Mutter, die ja mit Bonita im selben Stall war, nahm dort von Anfang an Reitstunden. Ab einem bestimmten Zeitpunkt wollte auch ich gerne den Blick von jemand anderem haben, um sicherzugehen, dass ich alles richtigmachte, und habe selber wieder angefangen, Stunden zu nehmen. Das Schöne war, dass ich zusammen mit meiner Mutter Doppelstunden hatte: Erst bekam sie Unterricht, danach ich. Gini und Bonita haben sich auch gleich super verstanden, das passte alles sehr gut.

Die Reitlehrerin hat sich zuallererst Gini angeschaut: Was ist sie für ein Pferd? Wo liegen ihre Stärken? Das war genau das, was ich mir vorgestellt hatte. Es gefiel mir. Natürlich fielen ihr ein paar Dinge auf, die Gini erst noch lernen musste, wie zum Beispiel durchs Genick zu reiten oder auch das Innenstellen. Doch das ist ganz normal. Ein so junges Pferd muss ja noch viel lernen. Genau deshalb nahmen wir ja Unterricht. Auch ein Pferd muss erst begreifen: Wie geht das mit dem Reiten?

Unsere Reitlehrerin achtet sehr auf die Gesundheit des Pferdes und sucht den Fehler immer zuerst beim Reiter, nicht beim Pferd. Das finde ich gut. Bevor ich zum ersten Mal aufgestiegen bin, hat sie sich den Sattel und die Trense angeschaut, um festzustellen, ob alles auch richtig sitzt. Wir mussten am Anfang echt lange suchen, bis wir einen wirklich gut sitzenden Sattel für Ginis Rücken fanden. Der Sattel rutschte ihr öfter auf die Schultern, weil sie

MIT GINI UND BONITA

noch nicht so stark bemuskelt war. Sie war ja noch nicht trainiert. Ich bin echt froh gewesen, als wir den richtigen Sattel schließlich gefunden hatten.

FREMDER BERITT – JA ODER NEIN?

Mein Dad und ich sprachen damals auch darüber, ob wir eventuell noch jemanden brauchen, der uns bei Ginis Ausbildung unterstützt. Manche Reiterinnen geben ihr Pferd in den Beritt, damit es von einer professionellen Person ausgebildet wird. Nach ungefähr zwei bis drei Monaten bekommen sie dann ihr »fertiges Pferd« wieder. Das ist natürlich praktisch, aber ich selbst wollte das für Gini und mich nicht. Ich würde Gini auch niemand anderem für längere Zeit an die Hand geben als meinen Eltern. Denn sie waren fast immer dabei, wenn ich bei Gini im Stall war, sie kennen sie fast so gut wie ich und wissen, welche Situationen ich kritisch sehe. Ich würde es mir nie verzeihen, wenn ich Gini in andere Hände weggeben würde und dann etwas Schlimmes passieren würde! Wenn schon etwas passiert – was ich wirklich nicht hoffe –, dann will ich dafür wenigstens selbst verantwortlich sein.

EINE GUTE STALLGEMEINSCHAFT IST WICHTIG

Das Wohlbefinden von Pferd und Reiterin wird natürlich auch ganz stark durch die Atmosphäre im Stall beeinflusst. Die Stallgemeinschaft, in der wir jetzt sind, ist sehr freundschaftlich. Jeder grüßt sich, alle helfen sich untereinander. Vielleicht liegt das auch ein wenig daran, dass es in einem Offenstall eben keine getrennten Boxen gibt: Bei uns gibt es zwei Putzplätze, man sucht sich immer wieder den Platz, der gerade frei ist, und kommt dadurch auch ganz automatisch mit den anderen in Kontakt. Bei der Boxenhaltung dagegen hatte ich immer das Gefühl, dass alles stärker voneinander getrennt ist. Aber vielleicht ist das auch nur mein Eindruck, weil ich persönlich es so wahrgenommen habe.

Vor einer Weile bin ich zu einer anderen Reiterin hingegangen und habe sie um Rat gefragt. Ich hatte eine neue Decke für Gini

GINI MIT FINGERFARBE BEMALEN

gekauft und war mir unsicher, ob sie zu lang ist und ob sie Gini genügend Bewegungsfreiheit beim Laufen lässt. Ich hab die andere Reiterin gefragt, ob sie bitte mal schauen kann, ob die Decke passt, und sie hat sich gleich Zeit genommen und alles sehr genau geprüft. Das war toll. Jede Reiterin braucht mal einen Rat, auch die, die schon länger reiten.
An einem anderen Tag, es war schon abends, habe ich Gini in der Halle longiert. Außer uns waren auch noch andere mit ihren Pferden da. Plötzlich rannte Gini unvermittelt im Galopp los – ich konnte sie nicht mehr halten und musste die Longe loslassen. Das sollte man natürlich nicht tun, aber ich war so erschrocken! Ich hab Gini hinterhergeschaut, wie sie durch die ganze Halle galoppiert ist, die meterlange Longe hinter sich herziehend, und hab immer nur gedacht: Bitte tritt nicht auf die Longe, bitte tritt nicht auf die Longe ...! Sie hätte so krass stolpern können! Eine andere Reiterin hat mir gleich geholfen, Gini einzufangen. Ich hab mich entschuldigt für den Zwischenfall, aber für die anderen war das kein großes Problem. So etwas kann jedem passieren. Erst neulich ist es auch einer Erwachsenen passiert.

GINI IM BACH

Man braucht für eine so große Aufgabe wie die Pferdehaltung Selbstvertrauen und Selbstsicherheit, und die bekommt man erst mit der Zeit. Auch später noch macht man viele neue Erfahrungen und gewinnt dadurch mehr und mehr an Sicherheit. Selbst mein Dad, der mir zwar oft im Stall geholfen, aber Gini nur selten geführt hat, ist mit der Zeit immer sicherer geworden. Ich weiß noch, dass er Gini anfangs immer verwöhnen wollte und sie mit Leckerlis regelrecht überschüttet hat – also genau das gemacht hat, was ich nicht wollte. Wir sind alle beide sehr gewachsen mit Gini.

AUFS TURNIER ODER NICHT?

Manchmal denke ich darüber nach, ob und wann wir mal auf ein Turnier gehen, Gini und ich. Die Atmosphäre auf Turnieren ist so toll! Man bereitet sich vor, macht sich und das Pferd schick, reitet auf dem Abreiteplatz selbstständig ab ... Dann wird man aufgerufen, und es geht los. Das finde ich cool. Ich wollte aber eben nie diesen Turnierstress haben, den ich bei anderen in den anderen Ställen erlebt habe. Das Thema Turnier stand deshalb für mich immer ganz weit hintenan. Gini war ja sowieso anfangs noch überhaupt nicht ausgebildet, und ich wollte sie erst mal ganz entspannt an ihren neuen Stall gewöhnen.

AUF DEM ERSTEN TURNIER

Es wäre völlig verfrüht gewesen, an ein Turnier mit ihr zu denken. Mir fehlt auch, ehrlich gesagt, die Zeit, neben der Schule noch für Turniere zu trainieren und jedes Wochenende zu einem anderen zu fahren.
Wenn ich mich entscheiden müsste zwischen Turniertraining und dem Ausreiten, würde ich auf jeden Fall das Ausreiten wählen. Hin und wieder reizt es mich aber schon, mit Gini auf ein Turnier zu gehen. Wer weiß ... ;) Ich bräuchte auf jeden Fall Andreas Hilfe, weil sie sich mit allen Formalitäten auskennt und mit allem anderen, was zu einem Turnier dazugehört.
Was Gini und ich schon mal mitgemacht haben, war ein kleines Geschicklichkeitsturnier. Das hat Spaß gemacht. Ich wollte Gini alles erst mal ganz in Ruhe zeigen: Wie ist das, mit dem Hänger an einen anderen Ort zu fahren, wo noch andere Pferde sind, wo Musik läuft und fremde Menschen sind? Es ging mir dabei gar nicht um das Reiten an sich, sondern nur um das Turnierfeeling. Dafür war das Geschicklichkeitsturnier super: Ich habe Gini am Halfter durch einen Parcours mit ganz vielen Hindernissen geführt und musste mit ihr einen Abschlusssprung machen. Auch über eine Plane sind wir zusammen gelaufen, und ich habe einen Regenschirm neben Gini aufgespannt ... Alle diese Aufgaben haben wir vorher zu Hause geübt. Andrea hat uns dabei mit Rat und Tat zur Seite gestanden. Wir wurden am Ende nicht sooo gut platziert, aber das war mir egal. Mir war wichtig, dass alles gut klappt und Gini entspannt ist – und das war sie.
Für uns war es auch eine spannende Erfahrung, das eigene Pferd in einem Hänger zum Turnierplatz zu transportieren. Früher hat Andrea ja die volle Verantwortung gehabt, weil es ihre Pferde waren, auf denen ich geritten bin. Jetzt war es auf einmal mein Pferd, das wir da hinten im Hänger hatten!
Ich weiß noch, dass mein Dad ziemlich gestresst war und nach

dem Tag vom Geschicklichkeitsturnier echt froh, dass ich nicht jedes Wochenende auf ein Turnier gehen will.

MEIN ERSTER »SPRUNG« MIT GINI

Nach einiger Zeit wollte ich mit Gini gerne das Springen ausprobieren. Sie kann nämlich echt hoch springen. Unser erster Sprung war eigentlich kein richtiger Sprung, denn Gini ist mehr über das Hindernis drübergestolpert, weil sie den Sprung gar nicht richtig ernst genommen hat. Aber wir haben gemerkt, dass sie das Potenzial hat, höher zu springen. Wir üben das immer mal wieder, aber auch das ganz entspannt. Ich will sie auf keinen Fall zu etwas zwingen. Bisher habe ich auch nur wenig Springtraining genommen, unser Schwerpunkt beim Reitunterricht liegt eher in der Dressur.

Springen ist für Pferd und Reiter nicht einfach: Gini und ich müssen beide noch lernen, die Distanz zum Hindernis richtig einzuschätzen und passend zum Sprung zu kommen.

Eines Abends in der Halle, nachdem ich Gini geritten hatte, hab ich gemerkt: Heute hat sie richtig Power. Und ich hab meinen Dad gebeten, uns noch den Sprungblock aufzubauen. Wir sind die höchste Etage gesprungen – das war toll! Richtig geflogen sind wir. Aber wie gesagt, Springen ist nicht unser Schwerpunkt im Moment. Das darf sich ganz langsam entwickeln.

GINI, DAS ALLROUNDER-PFERD

Spannend ist, dass Gini so viele verschiedene Talente hat. Bei den Pferden, auf denen ich früher geritten bin, hat man deutlich gemerkt: Dieses Pferd ist sehr gut für die Dressur geeignet, ein anderes eher springbegabt. Manche waren auch schreckhaft, sodass sie nicht dazu zu bewegen waren, in einen Hänger zu gehen …

Ich wollte natürlich herausfinden: Was ist Gini für ein Pferd? Wo liegen ihre Stärken?

Gemeinsam haben wir verschiedene Sachen ausprobiert und festgestellt: Sie kann einfach alles! Als wir zum ersten Mal gemeinsam durch den Bach beim Ausreitgelände geritten sind, ist sie einfach weitergelaufen, als wäre da gar kein Wasser. Sie hat überhaupt keine Angst gehabt. Es macht mich natürlich sehr glücklich, so viel mit ihr machen zu können.

TURNIERSCHLEIFEN FÜR GINI

EINE WELLE VON KRITIK: MUSS ICH MIT YOUTUBE AUFHÖREN?

Was im Gegensatz dazu in dieser Zeit überhaupt nicht schön war, war etwas, das in den Kommentaren zu meinem Kanal passierte.
Seit Gini bei uns war, tauchten auf einmal auffällig viele kritische Stimmen auf. Sie lauteten in etwa so: Ein unerfahrenes Pferd und eine unerfahrene Reiterin? Die schlechteste Kombi überhaupt – das kann nur schiefgehen!
Das hat mich anfangs sehr getroffen, weil ich damit nicht gerechnet hatte. Jeder muss doch seine eigenen Entscheidungen treffen, und man kann die Dinge nie pauschal beurteilen. Ich persönlich finde es gerade gut, wenn eine unerfahrene Reiterin ein junges Pferd reitet. Denn beide können miteinander lernen. Man kann es auch so sehen:

Wenn man selbst schon länger reitet, dann hat man sich vielleicht Fehler angewöhnt, die man jetzt aufs Pferd überträgt! Es gibt immer verschiedene Blickwinkel, aus denen man die Dinge betrachten sollte.

Damals kam es mir vor, als hätten diese Follower, die sich so abfällig äußerten, früher freudig mit mir mitgefiebert und mir auch gewünscht, dass ich meinen Traum verwirklichen kann; doch seit Gini tatsächlich bei uns war, kamen wohl auch Neid und Eifersucht mit ins Spiel. Anders konnte ich es mir nicht erklären. Ich hatte das Gefühl, dass sich auf einmal alle auf mich stürzen wollten. Das war echt schräg und hat mich am Anfang sehr verletzt. Natürlich ist Kritik erlaubt auf einer Plattform wie YouTube, aber ich finde, es kommt immer darauf an, wie man etwas sagt und was das wirkliche Motiv dahinter ist.

Als ich zum Beispiel einmal ganz stolz ein Video postete, in dem ich zeigte, was ich im Unterricht mit Gini gelernt hatte, kam eine riesige Hate-Welle als Reaktion. Natürlich gab es auch weiterhin viele positive Kommentare – aber auf diese geballte Negativität war ich nicht vorbereitet gewesen. Ich hab mir das damals sehr zu Herzen genommen. Ich weiß noch, dass ich einmal im Gespräch mit meinen Eltern total geweint habe, weil ich nicht wusste, was da passiert war. Hatte ich etwas falsch gemacht? Ich konnte mir das alles nicht erklären. Auch meine Eltern haben sich viele Gedanken gemacht, sie wollten mich als Tochter natürlich vor solchen Situationen beschützen.

In dieser Phase hat es mir viel Sicherheit gegeben, mich nicht so sehr auf die negativen Kommentare zu konzentrieren, sondern auf die Menschen, die mir wichtig sind, wie zum Beispiel meine Familie. Mit ihr habe ich oft gesprochen und auch über diesen Punkt diskutiert. Dadurch, dass ich ja die professionelle Hilfe von meiner Reitlehrerin hatte, war ich sehr zuversichtlich und voller Vertrauen darauf, dass wir alles hinbekommen

würden. Natürlich waren Gini und ich jung – aber wir fingen ja auch gerade erst an!
Gini wirkte auf mich interessanterweise auch nie wirklich jung, obwohl sie es vom Alter her war. Sie hat sich immer so toll verhalten und wollte immer alles richtig machen. Das habe ich gespürt. Ich war so superglücklich darüber, dass sie bei mir war, und wollte mir meinen Traum nicht kaputtmachen lassen von solchen komischen Äußerungen. Aber würde mir das gelingen?
Die Kommentare auf das besagte Video waren teilweise so schlimm, dass wir die Kommentar-Funktion deaktivieren mussten. Schließlich haben wir das Video ganz rausgenommen aus dem Kanal. Ich muss ehrlich sagen: In dem Moment hatte ich keine Lust mehr. Ich dachte: Da zeigt man ganz freudig und stolz, was man Neues gelernt hat – und dann so was!
Mein Dad und ich haben ernsthaft darüber diskutiert und überlegt, ob wir mit YouTube aufhören sollen. Aufhören schien uns der einzige Schutz gegen solche negativen Kommentare zu sein. Wie gesagt: Konstruktive Kritik finde ich vollkommen in Ordnung. Aber wenn öffentlich auf anderen herumgehackt wird, dann geht das zu weit! Ob man es will oder nicht – das bleibt hängen und belastet den, der die Kritik erfährt. Bewusst oder auch unbewusst. Vor allem dann, wenn man noch nicht das hundertprozentige Selbstvertrauen hat, weil man noch ganz am Anfang steht, trifft einen so ein Verhalten wie eine Ohrfeige.
Wir haben damals eine Pause gemacht, um in Ruhe zu überlegen, wie es weitergehen sollte. Ich für meinen Teil hatte erst mal kein Bedürfnis mehr, noch etwas von mir zu zeigen. YouTube war für mich ja immer wie eine Art öffentliches Tagebuch gewesen: Ich lasse andere Menschen teilhaben an Ausschnitten aus meinem Leben. Dazu gehört auch, zu zeigen, wenn etwas noch nicht so gut oder gar nicht klappt. Was sollte ich

in Zukunft noch teilen? Nur noch die Dinge, die perfekt funktionierten? Konnte ich sicher sein, dass das die einzige Hate-Welle gewesen war, oder würde es wieder passieren?
Als ich die ganze Sache verarbeitet und meinen Weg gefunden hatte, damit umzugehen, kam auch die Lust wieder, und ich fing an, neue Videos zu drehen. Ich wollte mir meine YouTube-Aktivitäten, die mir so viel Spaß machten, nicht kaputtmachen lassen. Vor allem gab es ja jede Menge Menschen, die Interesse daran hatten, was ich machte – wie all die lieben Kommentare zeigten, die zum Glück immer in der Überzahl waren. Das ist meine Community!

DIE SACHE MIT DEM FARBEIMER

Die wichtige Lehre, die ich daraus für mich gezogen habe, ist: Lass dich nicht von den negativen Kommentaren anderer Leute verunsichern und runterziehen. Konzentriere dich auf die positiven Menschen. Wenn es Negatives gibt, sollte es in dir nicht die Übermacht bekommen. Lass dir dein Selbstvertrauen davon nicht kaputtmachen.
Mein Dad hat mal ein schönes Bild dafür benutzt: Es ist wie mit einem Eimer, der mit weißer Farbe gefüllt ist. Wenn du einen Tropfen schwarze Farbe reingibst, dann sieht das erst mal krass aus, aber wenn du gut umrührst – dann wird das Weiß nur ganz leicht grau, es bleibt immer noch eine helle Farbe. Das bedeutet für mich: Man muss es irgendwie hinkriegen, von 10 Stimmen die 9 positiven wahrzunehmen und sich über die zu freuen – und der einen negativen Stimme nicht seine ganze Aufmerksamkeit zu widmen. Man ist sonst verführt, immer gleich zu denken: OMG, was mache ich bloß falsch? Das ist total kontraproduktiv.
Es tat mir sehr gut, mit meiner Familie über das alles zu reden. Das sollte man auch unbedingt. Die Familie oder Freunde geben einem ganz viel Kraft. Auch meine Reitlehrerin sagt immer, wenn mal etwas nicht gleich klappt: »Das bekommen wir hin.« Genau

das Gleiche kann man auch gut zu sich selbst sagen. So entwickelt man die Sicherheit, die man braucht. Eine ganz wichtige Erkenntnis, die ich für mich aus der Situation damals gewonnen habe, ist auch: Ich mache das alles für mich und nicht für die anderen. Ich spiele den anderen keine Rolle vor, sondern ich lebe MEIN Leben und zeige den anderen einen Teil davon.

GINI IM BÄLLEBAD

REITEN IM SCHNEE

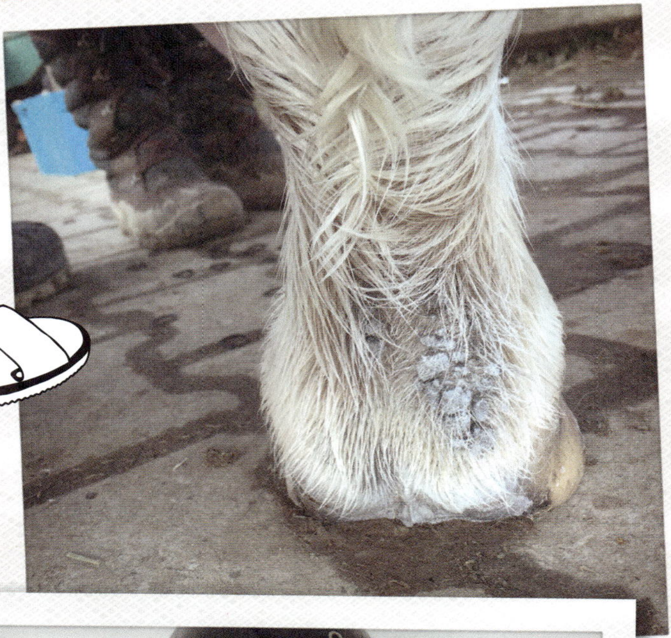

GINI HAT MICH GEBISSEN

10 Gini WIRD KRANK UND ANDERE Herausforderungen

Im ersten Spätsommer, den wir gemeinsam mit Gini erlebten, bekam sie auf einmal eine Entzündung an einem Bein. Erst dachte ich, es sei nur Schmutz, der sich da gesammelt hatte. Doch beim Putzen stellte sich heraus: Es waren seltsame Krusten. Was war das?
Die Krusten klebten ziemlich fest am Bein. Wenn man daran zog, hing ein kleines Fellbüschel daran. Das machte mir Sorge. Vor allem bildeten sich immer mehr Krusten, interessanterweise nur an den weißen Beinen. Gini hat drei weiße Beine und ein schwarzes.
Wir fragten in unserem reiterlichen Umfeld herum: Hat jemand Erfahrung mit so was? Was könnte das sein? Es sah ganz danach aus, als hätte Gini Mauke. Und jetzt? Natürlich habe ich erst einmal im Stall und in meinem Bekanntenkreis nachgefragt, was man da machen kann. Doch je mehr Menschen wir fragten, umso unterschiedlicher waren die Ratschläge: Tragt am besten Creme auf. Wascht es ab. Trocken halten. Kernseife. Jodsalbe. Lieber gar nichts machen ... Die vielen unterschiedlichen Ratschläge verunsicherten uns noch mehr.
Mittlerweile war es Winter und die Entzündung so stark, dass wir Gini erst mal in eine Krankenbox im Stall brachten. Hier war es trocken. Der Tierarzt riet uns zu Jod-Waschungen. Ich erinnere mich daran, als wäre es gestern gewesen: Es war superkalt draußen, und mein Dad und ich versuchten, Gini die Beine abzuwaschen. Sie war so empfindlich! Was völlig klar war, mit so einer Entzündung. Sie hat sich kaum von uns anfassen lassen. Wir waren verzweifelt, denn wir wollten den Rat des Arztes befolgen. Mauke kann immer weiter an den Beinen hochsteigen. Das wollten wir auf jeden Fall verhindern. Doch wie sollten wir sie waschen, wenn sie uns kaum

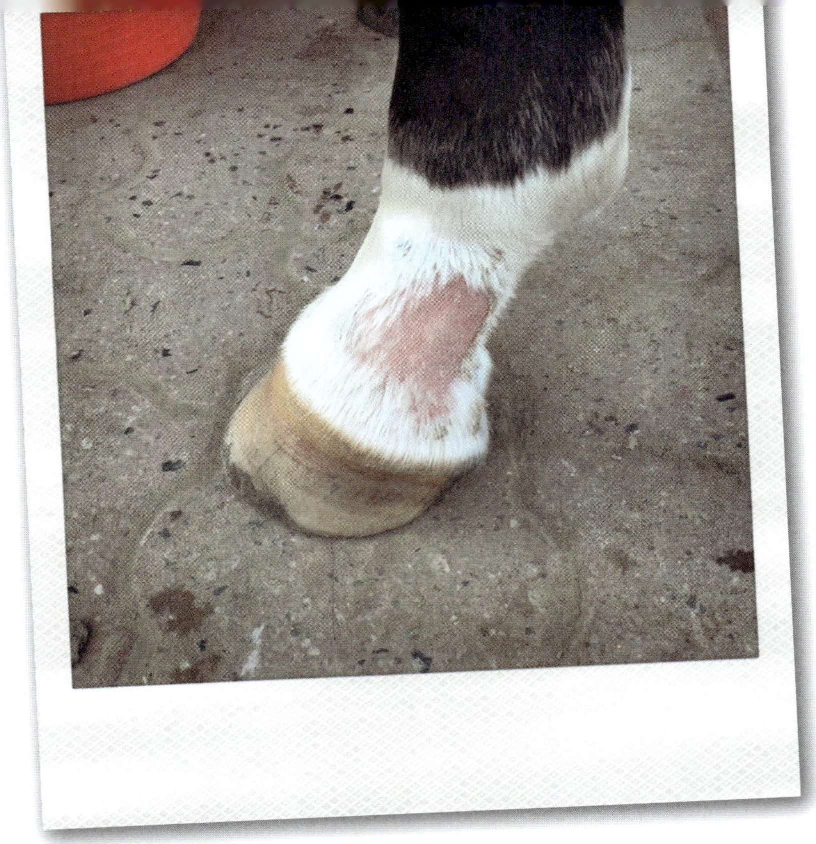

an sich ranließ? Ganz vorsichtig haben wir Ginis Beine mit Jodseife gewaschen und dann mit Handtüchern trocken getupft ... jeden Tag, bei Wind und Wetter!
Gini hatte in der Zwischenzeit schon zwei Mal Antibiotika und Entzündungshemmer bekommen. Beim dritten Mal meinte der Arzt, dass es besser wäre, wenn wir den Stall wechseln würden. Die Feuchtigkeit im Offenstall würde angeblich solche Entzündungen begünstigen. Bei Pferden, die trockener stehen, ist das Risiko, an Mauke zu erkranken, nicht so groß.
Mein Dad und ich sahen uns an und wollten es nicht wahrhaben. Gini fühlte sich doch so wohl hier! Wir wollten uns nicht damit abfinden, dass es wirklich das Ende in unserem Stall sein sollte. Mein Dad recherchierte sehr intensiv im Internet, er las sich sogar

Doktorarbeiten zu dem Thema durch. Was könnten die Ursachen für die Erkrankung sein? Dabei haben wir rausgefunden, dass die Haltung zwar eine Ursache für Mauke sein kann – es gibt aber auch noch andere Gründe.

ENDLICH LINDERUNG

Von der Reitlehrerin bekamen wir einen interessanten neuen Tipp. Wir wussten, dass sie Kontakt zu Gnadenhöfen hat – sie engagiert sich sehr sozial für Pferde –, und sie hatte mal von einem total verwahrlosten Pferd gehört, das voller Mauke war. Sie erzählte uns davon, dass die Besitzer des Gnadenhofes es mithilfe von kolloidalem Silber geschafft hatten, dieses Pferd von den Entzündungen zu befreien.
Wir hatten zu der Zeit schon alles Mögliche probiert: Melkfett, Zinkspray, Zinksalbe, Jodsalbe, Creme mit Salicylsäure und so ziemlich alle anderen Mittelchen, die man im Internet so findet … Wir haben auch Ginis Blut untersuchen lassen, um festzustellen, ob ihre Werte in Ordnung waren oder ihr doch etwas fehlte.

Obwohl die Werte ziemlich unauffällig waren, hatten wir uns dazu entschieden, Gini zusätzlich Zink ins Futter zu geben, und geben es ihr bis heute, um die Widerstandsfähigkeit ihrer Haut zu stärken. Während wir die verschiedenen Mittel ausprobierten, wussten wir aber nie: Was hat geholfen? Was hat die Mauke möglicherweise verschlimmert? Wir waren zu der Zeit ziemlich ratlos und konnten am Ende einfach nur auf unsere eigene innere Stimme hören.
Der Tipp mit dem kolloidalen Silber klang nach einem rettenden Strohhalm. Wir besorgten es, füllten es in eine Sprühflasche und trugen es äußerlich auf Ginis Beine auf. Auch heute noch benutze ich es manchmal zur Vorbeugung.

Es dauerte dann noch eine Weile, aber endlich bekamen wir die Entzündung in den Griff. Ich glaube im Nachhinein, dass der Umgebungswechsel der Grund gewesen sein könnte, dass Gini Mauke bekommen hat. Manche Reiter sagen, dass sich ein Pferd erst an eine neue Umgebung gewöhnen muss. Ich hab in der Zeit gespürt: Ich muss noch mehr als sonst für mein Pferd da sein, egal, wie viel Stress ich gerade habe, mit der Schule oder der Familie, den Freunden ... Meinem Dad ging es genauso. Und so waren wir jeden Tag bei Gini, manchmal sogar mehrmals. Es war ein schwerer Winter.
Heute sieht man nichts mehr an Ginis Beinen, und sie ist auch überhaupt nicht mehr empfindlich an den Stellen. Damals ist sie schon weggezuckt, wenn man nur in die Nähe ihrer Beine kam. Jetzt kann ich sie wieder richtig gut putzen, auch fester, wenn es mal nötig ist. Damals wäre das nicht möglich gewesen.
Einen kleinen Vorteil, wenn man es so nennen kann, hatte das Ganze sogar: Früher fand ich das Beineputzen immer eher nervig, doch durch diesen einen Winter ist es für mich richtig zur Routine geworden. Allerdings bekomme ich manchmal immer noch leichtes Herzrasen, wenn ich mal wieder Krusten an Ginis Beinen sehe. Aber bisher war es zum Glück immer nur Schmutz und ging gut wieder ab.

PUH, GINI MUSS NICHT IN DIE KLINIK

Mein Dad und ich dachten damals sogar kurz darüber nach, ob wir Gini für ein paar Tage in eine Klinik bringen sollten. Aber was uns davon abhielt, war der Gedanke, dass sie dort viel mehr Stress haben würde: eine fremde Umgebung, gar keine Freunde mehr ... Also ließen wir sie lieber im Stall.

Es gab schon früher mal eine ähnliche Situation wie diese – nur nicht in diesem Ausmaß. Ginis Auge tränte immer, wenn ich sie von der Koppel holte. Es stellte sich heraus, dass sie eine Bindehautentzündung hatte. Auch in der Zeit mussten wir manchmal zweimal am Tag zum Stall fahren und ihr Medikamente geben, was insgesamt über eineinhalb Stunden Autofahrt bedeutete. Oft sind mein Dad und ich noch vor der Schule zum Stall gefahren, ganz frühmorgens.

In solchen Momenten wird einem sehr deutlich: Ein Pferd zu haben ist eine große Aufgabe. Man braucht Hilfe und Unterstützung, und man braucht Ansprechpartner. Allein ist es nicht zu schaffen. Deswegen ist es auch wichtig, dass man die Eltern mit zum Stall nimmt und dass auch sie Interesse am Pferd haben. Wenn Eltern nichts mit dem Pferd anfangen können, dann können sie einem auch nicht helfen. Ich hatte Glück: Dass sich mein Dad so mit Ginis Erkrankung beschäftigt und viel recherchiert hat, war für mich eine große Hilfe.

DURCH EIN PFERD ÄNDERT SICH DAS LEBEN DER GANZEN FAMILIE

Nicht nur in meinem Alltag, sondern auch im Alltag von meinem Dad hat sich viel verändert, seit Gini da ist. Alles, was er für Gini und mich macht, macht er nach seiner Arbeitszeit – in seiner Freizeit. Er ist die meiste Zeit dabei, weil er mich zum Stall fahren muss. Ich bin ja (noch) nicht mobil. Und aufgrund der Fahrzeit zum Stall lohnt es sich häufig nicht, mich hinzubringen und wieder abzuholen. Es ist toll, dass auch er total gut im Stall entspannen und den Kopf frei kriegen kann, wie er sagt, von daher begleitet er mich gerne. Doch es ist schon sehr zeitaufwendig. Man darf diesen Punkt wirklich nicht unterschätzen: Nicht nur für einen selbst, sondern auch für die eigene Familie ändert sich ganz viel, wenn man sich ein eigenes Pferd zulegt. Deshalb muss die Familie auf jeden Fall geschlossen hinter der Entscheidung stehen.

Auch wenn man meint, man selber würde die volle Verantwortung übernehmen können: Die Eltern tragen die Verantwortung mit. In meinem Fall hat mein Dad die Verantwortung mit übernommen, weil meine Mutter ja schon ein eigenes Pferd hat. Ich hatte meinen Eltern natürlich versprochen, dass ich alles selber machen werde, wenn Gini da ist – den Stall fegen, das Gebiss sauber machen usw. –, aber mein Dad wusste von Anfang an, was auch auf ihn zukommen würde. Man muss das sehr realistisch sehen.

Als ich zum Beispiel mal in den Ferien für zwei Wochen bei meinen Großeltern war, die weiter weg wohnen, ist mein Vater zu Gini gefahren und mit ihr spazieren gegangen. Er hat auch mal Jenny abgeholt und sie mit zum Stall genommen, um mit Gini zu arbeiten. So ist Gini immer versorgt, auch wenn ich mal nicht zu Hause bin, und wenn es nur dafür ist, dass ihre Hufe kurz kontrolliert und ausgekratzt werden, wenn sich große Steine drin festgesetzt haben. Dazu muss immer jemand da sein, sonst geht es nicht. Die Verantwortung für ein Pferd ist einfach groß.

WARUM ICH AUF YOUTUBE NICHTS ERZÄHLT HABE

Obwohl mich Ginis Erkrankung damals sehr beschäftigt hat, habe ich die Sache mit der Mauke damals nicht auf YouTube gezeigt. Durch die verschiedenen Reaktionen und Ratschläge, die wir aus unserem eigenen Umfeld bekommen hatten, war ich schon genug verunsichert. Noch mehr Meinungen hätten mich umso mehr durcheinandergebracht.

MIT GINI IM ROUNDPEN

Durch den Vorfall mit den abfälligen Kommentaren, von dem ich schon erzählt habe, hatte ich Sorge, was diesmal an Kommentaren kommen würde. Vielleicht wieder Vorwürfe, dass wir irgendwas falsch gemacht hatten? Das hätte uns auch nicht weitergeholfen, eher im Gegenteil: Es hätte uns vielleicht sogar noch mehr runtergezogen. Wir waren ja eh schon sehr angespannt und besorgt in dieser Zeit. Aus dem Grund hab ich mich damals dagegen entschieden, öffentlich von Ginis Mauke zu erzählen. Ich war sehr froh, als es ihr bald darauf besser ging und sie wieder ganz gesund war. Krankheiten, egal, ob es kleinere oder größere sind, sind immer eine Herausforderung für Pferd und Reiterin.

HÄTTE ICH MEINE FREUNDIN NICHT AUF GINI REITEN LASSEN SOLLEN?

Neben solchen Dingen wie mit der Mauke erlebt man natürlich auch jede Menge andere Herausforderungen. Ich erinnere mich an einen Nachmittag in der Reithalle, als eine Freundin von mir auf Gini saß. Gini ist sonst immer ein sehr liebes Pony. Wenn sie mal buckelt, dann nie so doll, dass man runterfällt. An dem Tag ist meine Freundin ohne Sattel einfach langsam Schritt geritten, da fing Gini auf einmal an zu steigen: erst vorne, dann hinten, dann wieder vorne! Es war wie beim Rodeo, und meine Freundin fiel runter! Zum Glück ist ihr nichts passiert.
Was war mit Gini los? Ich erkannte sie kaum wieder. Lag es daran, dass jemand anderes auf ihr saß? Ich konnte es mir nicht erklären. Ich selbst saß in dem Moment auf Bonita, und meine Eltern meinten, es hätte daran gelegen, dass Gini und Bonita kurz vorher sehr dicht aneinander vorbeigelaufen waren. Hatten sich die beiden unsanft berührt? Konnte es daran gelegen haben? Ich weiß es bis heute nicht.

GINI HAT MICH GEBISSEN!

Und dann gab es noch eine Sache, von der ich nie gedacht hätte, dass sie mal passieren könnte: dass einen das eigene Pferd beißt. Ich hab Gini an dem Tag ganz normal am Halfter von der Weide geholt. Hinter uns lief noch ein anderes Pferd. Es schloss langsam zu uns auf. Kann sein, dass Gini dadurch irritiert war. Vielleicht hat sie auch gedacht, dass ich das andere Pferd sei – denn ich lief ja direkt neben ihr. Jedenfalls hat sie mir plötzlich ganz schnell den Kopf zugewendet und mich so heftig in den Oberarm gebissen, als wollte sie eigentlich das andere Pferd wegbeißen. Es tat wahnsinnig weh, ich hab geschrien wie am Spieß. Ich dachte, mein Arm wäre ab. Ich konnte Ginis Zähne ganz deutlich in meiner Haut spüren. Zum Glück konnten wir die Stelle gleich mit Salbe versorgen. Doch ein großes Hämatom erinnerte mich noch ein paar Wochen lang an den Vorfall. Ich bin später an dem Tag noch auf Gini geritten – obwohl ich direkt nach dem Biss erst mal keine Lust mehr hatte, sie zu führen. Ich war noch so erschrocken. Papa musste sie von der Weide zum Stall bringen. Solche Momente verdeutlichen einem immer wieder, dass Pferde ihren Instinkten folgen. Ein Pferd ist und bleibt ein Tier, das sollte man nicht vergessen. Man muss vor solchen Situationen keine Angst haben, aber man sollte auf jeden Fall im Hinterkopf behalten, dass immer etwas Unerwartetes passieren kann.

SCHULE UND STALL: WIE BRINGE ICH ALLES UNTER EINEN HUT?

Neben all diesen Dingen, von denen ich dir gerade erzählt habe, ist und bleibt natürlich meine Hauptherausforderung, immer genügend Zeit für Gini zu finden. Ich bin jetzt in der Oberstufe und muss sehr viel für die Schule machen. So gerne ich es will, ich schaffe es nicht, jeden Tag mit ihr zu reiten. Wenn mir andere Reiter und Reiterinnen erzählen, sie seien jeden Tag im Stall, dann bekomme ich schon mal ein schlechtes Gewissen. Aber ich möchte auch die Schule auf keinen Fall vernachlässigen. Sie ist mir wichtig, ein guter Abschluss ist die Basis für die Zukunft. Ich möchte später mal alle Möglichkeiten der Welt haben. Wenn ich mal das Gefühl habe, zu müde oder zu gestresst zu sein, obwohl ich eigentlich schon noch ein bisschen Zeit für Gini hätte, reite ich sie an dem Tag nicht. Ich möchte nicht, dass sich mein Stress womöglich auf sie überträgt. Das Schöne ist: Es ist kein Problem, wenn ich nicht jeden Tag bei ihr bin. Gini geht es sehr gut in ihrem Stall, sie hat ihre Pferde-Kumpels um sich, und ich weiß, dass es für sie in Ordnung ist, wenn ich mal einen Tag nicht bei ihr vorbeischaue. Das gibt mir ein gutes Gefühl und beruhigt mich sehr.

TROTZ ALLEN HERAUSFORDERUNGEN: GINI IST UND BLEIBT MEIN TRAUMPFERD!

Man erlebt wirklich viel mit einem Pferd. Doch ganz egal, was mein Dad und ich schon erlebt und auch durchgemacht haben: Gini ist und bleibt mein wahr gewordener Traum! Es gab viele Tage in den letzten Jahren, an denen ich nach dem Reiten mit meinem Dad ins Auto gestiegen bin und zu ihm gesagt habe: »Papa, heute war der beste Tag im Stall!« Und einen Tag später hab ich es schon wieder gesagt: »Heute war der beste Tag!« Mein Dad lacht dann immer – und weiß, dass ich es in ein paar Tagen wahrscheinlich wieder sagen werde. Ich glaube, das wird auch nie aufhören. :)

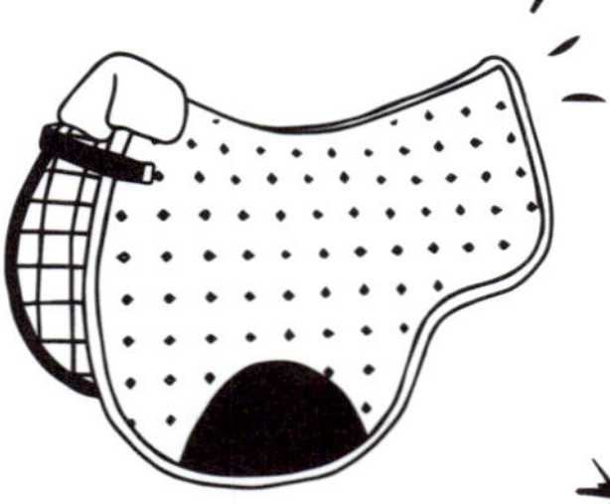

11 WAS MIR WIRKLICH *wichtig* IST UND WIE *Träume* WAHR WERDEN

Ich werde oft gefragt: Wie schaffst du das alles, mit einem eigenen Pferd, mit der Schule und mit deinen Freunden – und dann noch der YouTube-Kanal? Ich persönlich glaube, am allerwichtigsten ist es, zu wissen, was man wirklich will, und entsprechend Prioritäten für sich zu setzen.
Um das herauszufinden, helfen Fragen wie: Was ist mir wichtig? Auf was kann ich verzichten? Was macht mir Spaß? Was mache ich nur aus Zwang oder Pflichtgefühl? Das für sich herauszufinden, ist nicht immer einfach, aber die Antworten werden immer klarer, je mehr man sich damit beschäftigt. Manchmal braucht es einfach ein bisschen Zeit.
Ich selbst bin zum Beispiel ein total neugieriger Mensch. Ich hab schon immer gerne Dinge ausprobiert: Musikinstrumente wie Geige oder Klavier, auch jede Menge Sportarten wie Handball, Judo, Trampolinspringen, Fußball, Ballett, Cheerleading ... Auch Singen, Tanzen und die Schauspielerei machen mir sehr viel Spaß. Ich liebe es, mit der eigenen Stimme und dem eigenen Körper meinen Gefühlen Ausdruck zu verleihen oder in eine andere Rolle zu schlüpfen. Die Rollen im Kinofilm und im Hörspiel, an denen ich mitwirken durfte, waren großartige Erfahrungen für mich. Und am liebsten würde ich irgendwann mal einen eigenen Song darüber schreiben, was mir passiert ist mit meinem Traum. :)
Du siehst, ich könnte ganz viele Dinge auf einmal machen. Doch gerade jetzt, in der Oberstufe, hab ich leider nicht viel Zeit für alles, was mich interessiert. Mit der wenigen Zeit, die mir bleibt, muss ich sehr bewusst umgehen. Und wenn ich eine neue Sache anfange, dann möchte ich mich ihr auch gerne richtig und hundertprozentig

widmen, nicht nur so halb. Ich habe einige Dinge in den letzten Jahren angefangen und wieder aufgehört, weil sie zu zeitintensiv geworden wären. Das war manchmal sehr schade.

Cheerleading zum Beispiel hat mir Spaß gemacht. Das ist noch mal ganz was anderes, als zu reiten, und ich hätte so gerne gelernt, wie man einen Rückwärtssalto macht oder einen Flickflack. Aber ich habe das vom Aufwand her einfach nicht hinbekommen, da es nicht nur sehr zeitintensiv ist, sondern auch Überwindung braucht. Ich muss mich auch so schon oft sehr beeilen: nach der Schule schnell essen, Hausaufgaben machen, zu Gini fahren ... Dann auch noch eine Sportart betreiben, in der ich zwei oder drei Mal die Woche zum Training muss – das würde ich einfach nicht schaffen.

Für Gini dagegen hab ich mich voll und ganz entschieden. Das ist etwas ganz anderes als eine Sportart, in der man zum Beispiel den Ehrgeiz entwickelt, auf Wettbewerbe oder Turniere zu gehen. Die Zeit mit Gini verbringe ich aus Liebe. Ich kann auch selbst entscheiden, wann ich zu ihr fahre, und muss nicht zum Stall, weil um eine bestimmte Uhrzeit Training ist. Die Zeiten für die Reitstunde kann ich flexibel absprechen. Bei Gini und mir ist kein Zwang dahinter. Zwang mag ich nicht, ich bin ein sehr freiheitsliebender Mensch. Und, wie schon im letzten Kapitel gesagt, wenn ich wirklich mal nicht bei Gini vorbeischauen kann, ist das im Offenstall kein großes Problem, da sie dort 24 Stunden am Tag Auslauf hat und mit Wasser und Futter rundum versorgt ist.

DIE RICHTIGEN PRIORITÄTEN: WAS IST DIR WICHTIG?

Als ich zwischenzeitlich einmal sehr gestresst, oft müde und auch kraftlos war, musste ich mich damit auseinandersetzen und überlegen, was mir am wichtigsten ist. Und mir wurde ziemlich schnell klar, dass die oberste Priorität für mich die Schule hat. Ich möchte in der Schule alles gut hinbekommen

und gute Noten schreiben. Ich möchte später so viele Freiheiten und Wahlmöglichkeiten wie möglich haben. Ich bin zwar keine von den Schülerinnen und Schülern, die schon in der Oberstufe genau wissen, was sie werden wollen und welche Leistungskurse sie dafür am besten belegen; aber mir ist wichtig, die Schule als solches mit einem guten Abschluss zu beenden.
An zweiter Stelle kommt dann gleich Gini. Sie ist mein Baby, ein Lebewesen, um das ich mich kümmern möchte und muss. Für sie kann ich auf vieles andere verzichten. Es gibt so einige Dinge, die ich gerne noch ausprobieren möchte, aber die hab ich im Moment in meinen Gedanken und auf meiner Prioritätenliste nach hinten gestellt. Wenn ich noch mal ein neues Hobby anfange, dann auf jeden Fall eines, bei dem ich selbst frei bestimmen kann, wann ich es zeitlich ausübe.
Und natürlich ist auch »Mias Pferdewelt« inzwischen so sehr Teil meines Lebens, dass es eine hohe Wichtigkeit hat. Ich kann mir gar nicht vorstellen, wie es wäre, meinen Kanal aufzugeben. Manchmal kann ich selbst nicht fassen, dass jetzt schon 7 Jahre vergangen sind, seit ich das erste Video hochgeladen habe! Ich bin jetzt 17 Jahre alt, seit 7 Jahren gebe ich anderen Menschen auf YouTube Einblicke in meine Welt. Das ist ein Drittel meines Lebens! OMG!

VIEL ZEIT ZUSAMMEN: MIT MUSIK UND EINER BANANE FÜR GINI

Ganz wichtig ist mir natürlich auch meine Familie. Meine Aktivitäten auf YouTube zusammen mit meinem Dad haben interessanterweise in dem Jahr angefangen, als sich meine Eltern getrennt haben. Mein Dad und ich hatten durch den Kanal ein gemeinsames Projekt und haben dadurch viel Zeit miteinander verbracht. Wir haben uns schon öfter gefragt, ob das alles auch so verlaufen wäre, wenn meine Eltern noch zusammen wären. Ich weiß es nicht. Wie ganz am Anfang in diesem Buch gesagt, hatten wir ja aber auch nie das Ziel, aus dem Kanal etwas Größeres zu machen. Es war einfach toll, Zeit miteinander zu haben. Die Trennung meiner Eltern zu verarbeiten war schwer für mich. Dass mein Dad und ich diesen gemeinsamen Austausch hatten, hat dabei auf jeden Fall geholfen.

AUFNAHMEN IM TONSTUDIO

Unsere vielen Autofahrten zum Stall sind für uns auch ganz wichtige Momente. Dabei haben wir immer unsere spezielle Routine: Wir fahren vorher noch kurz zur Tankstelle, um etwas zu essen oder zu trinken zu besorgen, und kaufen eine schöne

Banane für Gini. Das gehört einfach immer dazu. Im Auto hören wir ganz viel Musik und tauschen Ideen aus, schmieden Pläne … Diese Fahrten, die ja hin und zurück immer jeweils ungefähr 25 Minuten dauern, haben uns sehr zusammengeschweißt. Die Autofahrt ist für uns wie das Reden auf dem Zimmer bei anderen. Und es gehört immer Musik dazu!

ZEIT MIT FREUNDEN UND IM STALL DEN KOPF FREI KRIEGEN

Auch meine Freunde sind mir natürlich ganz wichtig, sie zu sehen, auch wenn ich nicht viel Zeit habe unter der Woche. Aber ich mache oft bis 18 Uhr abends Hausaufgaben und fahre dann noch zu Gini … Danach bin ich manchmal einfach froh, wenn ich schlafen gehen kann.
Was ich manchen Menschen in meinem Umfeld sehr klar signalisieren musste, war, dass ich nicht immer verfügbar bin, zum Beispiel über WhatsApp. WhatsApp bringt einen oft in Zugzwang: Du kriegst eine Nachricht, und der andere erwartet, dass du sofort antwortest! Das schaffe ich einfach nicht. Manche haben das gar nicht verstanden und haben mir dann wieder und wieder Nachrichten geschickt und gefragt, wann ich mich denn endlich melde. Denen musste ich wirklich mal sehr deutlich sagen, dass ich keine Zeit habe, sofort und gleich zu antworten, und nicht ständig zu erreichen bin.
Interessanterweise hab ich viele ältere Freunde. Dass ich so gut mit Älteren klarkomme, kommt wahrscheinlich daher, dass ich schon einiges erlebt habe in meinem Leben und auch gelernt habe, mit den verschiedensten Problemen umzugehen. Auch die Zeit mit YouTube und die Interviews und Auftritte in den Medien haben mich natürlich sehr geprägt und wachsen lassen.

MEIN BERUFLICHER TRAUM: KREATIV SEIN UND ETWAS GESTALTEN KÖNNEN

Was ich genau werden möchte, weiß ich noch gar nicht. Ich hab schon über verschiedene Berufe nachgedacht. Für eine Sache zu begeistern bin ich zwar sehr schnell, aber wenn ich dann näher hinschaue, dann fallen mir Dinge auf, die ich dann doch nicht so cool finde. Zur berittenen Polizei zu gehen fand ich mal ganz spannend, aber ich bin mir nicht mehr sicher. Die Pferde bekommen dabei wahrscheinlich viel Stress mit, im Verkehr und in der Innenstadt.

Dann gab es mal eine Zeit, in der ich darüber nachgedacht habe, wie es wäre, Rettungssanitäterin zu werden. Doch ich bin ein sehr emotionaler Mensch. Ob ich das aushalten würde, was die Sanitäter tagtäglich erleben? Ich weiß es nicht.

Die Schauspielerei interessiert mich auch. Doch man muss dafür bereit sein, viel zu reisen, muss oft stundenlang am Set warten, bis man endlich drankommt. Und man hat ja auch nicht immer Angebote ...

Also, es wird wohl noch eine Weile dauern, bis ich mir klar darüber werde, was ich mal beruflich mache. :) Ich möchte auf jeden Fall keinen Beruf haben, der mich zu sehr einschränkt. Spaß soll er machen. Und ich möchte mit dem Herzen dabei sein. Ich denke, es ist ganz wichtig, sich in verschiedenen Dingen auszuprobieren, um die eigenen Stärken und Schwächen zu entdecken.

Manchmal hab ich ein schlechtes Gewissen und denke: Du lebst einfach so vor dich hin, wie könntest du dich für diese Welt engagieren? Ich möchte gerne helfen und irgendwann sagen können: Ja, das war ich, ich hab mein Ding gemacht, ich habe dabei etwas bewirkt!

Was ich mir im Moment nur schwer vorstellen kann, ist, später mal in irgendeinem Büro zu sitzen und dort zu arbeiten. Ich hab

mal einen Tag lang ein Praktikum bei meinem Dad gemacht, und er hat sich echt Mühe gegeben, mir bedeutungsvolle Aufgaben zu geben für diesen Tag. Aber ich habe gemerkt: Mich schreckt diese Art von Arbeit – zumindest im Moment – eher ab.

Was ich mir dagegen sehr gut vorstellen kann, ist was Kreatives, eine Tätigkeit, in der ich etwas frei gestalten und mich einbringen kann. In Gruppenarbeiten in der Schule ist es auch oft so, dass die anderen sich gerne auf mich verlassen und mir die Führung überlassen – nicht, weil ich mich so verhalte, sondern weil es sich irgendwie immer einfach so ergibt.

Ich gestalte einfach gerne, begreife schnell Zusammenhänge und weiß auch, wie man Referate gut auf den Punkt bringt und sie schön präsentiert, ohne eine Folie mit zu vielen Infos

zu überladen. Ich habe auch immer schnell sehr konkrete Vorstellungen davon, wie ich etwas umsetzen würde. Das ist in der Gruppenarbeit in der Schule manchmal hinderlich. ;) Denn da geht es ja darum, als Gruppe etwas zu gestalten und auch die Meinungen und Ideen der anderen umzusetzen.
Neulich hab ich in den Ferien total viel gefilmt und hatte Unmengen von Material auf meiner Kamera. An einem Nachmittag hat es mich dann gepackt, und ich hatte total Lust, mich dranzusetzen und alles zu schneiden. Sieben Stunden hab ich dagesessen und mal wieder total das Trinken vergessen! Ich liebe es, wenn ich alles frei entscheiden darf und mir keiner reinredet.
Wenn ich länger keine neuen Videos produzieren kann, was meistens zeitliche Gründe wegen der Schule hat, entschuldige ich mich auch schon mal bei meiner Community. Denn ich weiß, dass die Fans darauf warten, dass es was Neues gibt. Diese Art von Kommunikation ist einfach wichtig, finde ich.

DURCH MEINE VIDEOS EINEN WERTVOLLEN BEITRAG LEISTEN?

Mit Videos hat man die Chance, etwas in der Welt zu verändern. In einem meiner Videos habe ich mal auf Mikroplastik hingewiesen und wie man helfen kann, zu verhindern, dass weiterhin so viel Mikroplastik in die Meere kommt. Da gab es tolle, wertschätzende Kommentare dazu. Ein Mädchen schrieb: »Danke, Mia, ich hab das ausprobiert, was du gesagt hast!«
Das finde ich toll. Und wenn es nur ein paar Menschen sind, die dadurch zum Nachdenken angeregt werden, dann ist das doch schon ein großer Schritt und besser als nichts. Was ich nicht möchte, ist missionieren oder Menschen vorschreiben, was sie tun sollen.

Niemand soll sich durch das, was ich in meinem Kanal sage, bewertet fühlen oder das Gefühl haben, es geht nur so und nicht anders. Das finde ich nicht gut. Niemand ist perfekt, und auch ich handele nicht immer hundertprozentig ökologisch und nachhaltig. Das ist normal, und überhaupt ist es gar nicht möglich, jemals perfekt zu sein.

SPRINGEN MIT GINI

Man kann immer nur Denkanstöße geben. Und ich finde, alle Menschen sollten sich ganz frei entscheiden können, ob sie etwas davon ausprobieren möchten oder nicht. Eigentlich mag ich diesen Begriff nicht, aber als »Influencer«, also eine Person, die eine große Anzahl von Menschen erreichen kann, trägt man eben auch eine gewisse Verantwortung. Viele Menschen vertrauen einem und glauben, was man sagt. Darum passe ich auch immer sehr auf, dass es inhaltlich richtig ist, was ich in den Videos von mir gebe.
Umso schöner ist es, wenn man die eigene Reichweite nutzen kann, um etwas Positives zu bewirken. Darum geht es mir. Und wenn es nur eine kleine Sache ist, die man mal ausprobiert in Sachen Umweltschutz oder Nachhaltigkeit – das ist doch prima.

Hauptsache, man macht überhaupt was! Ich kann's nicht leiden, wenn zum Beispiel auf Instagram negative Sachen verbreitet werden oder Druck auf andere ausgeübt wird. Es ist doch viel besser, diese Plattformen für etwas Gutes zu nutzen, das anderen etwas bringt.
Ich hab zum Beispiel mal ein Video gesehen, in dem Menschen zusammen mit Meeresschildkröten getaucht sind. Die Menschen haben mit einem Sieb das Plastik aus dem Wasser gefischt. Das hat mich sehr berührt. Wenn man so was einmal gesehen hat, dann kann man sich nicht vorstellen, dass Menschen Plastikmüll irgendwo hinwerfen – denn ein anderer gibt vielleicht am anderen Ende der Welt gerade alles, um das Meer wieder sauber zu machen! Videos haben eine so tolle, große Kraft. Ich finde, dafür sollten wir sie nutzen, nicht für Negativität.

DAS INTERNET ZEIGT NUR MOMENTAUFNAHMEN

Mir ist an dieser Stelle noch eins ganz wichtig zu sagen: YouTube, Instagram und so zeigen immer nur einen Ausschnitt vom Leben eines Menschen. Man darf nie vergessen, dass das Internet ein ganzes Leben nie in seiner Vollständigkeit zeigen kann. Es sind immer nur Momentaufnahmen, die dort abgebildet werden. Zum Beispiel kann ich eine Reitstunde mit Gini haben, in der ganz viel falsch läuft – aber dann zeige ich mit der Kamera nur diesen einen Moment, wo sie und ich perfekt zusammen aussehen. Das bedeutet aber nicht, dass die ganze Reitstunde perfekt war! Es war eben dieser eine Moment perfekt.
So ist es mit dem Internet auch. Jeder Mensch hat seine Herausforderungen und auch mal Tage, an denen ihr oder ihm zum Heulen zumute ist. Dadurch, dass das nicht gezeigt wird, oder eher ganz selten, wird das Bild aber eben unvollständig. Manche Leute glauben, dass YouTuber immer nur happy sind und dass sie es überall leicht im Leben haben. Das finde ich, ehrlich gesagt,

ein bisschen schade, denn es ist nicht die Realität. Es gibt keinen Menschen, der immer nur glücklich ist.
Natürlich bin ich glücklich, dass sich mein Traum mit Gini erfüllt hat! Und ich bin jeden Tag dankbar, auch für die riesengroße Unterstützung, die ich durch meine Familie und mein Umfeld erfahre. Aber Schattenseiten gehören auch zum Leben dazu. Das ist ganz normal.

WARUM TRÄUME WICHTIG SIND UND WAS WIR DAFÜR TUN KÖNNEN, DASS SIE WAHR WERDEN

Ich finde es wichtig, dass man Träume hat. Ich kann mir gar nicht vorstellen, wie das wäre, keine Träume zu haben. Ich glaube, ich würde mich sehr leer und hoffnungslos fühlen. Ich habe mir in den Jahren, bevor Gini zu mir kam, immer wieder vorgestellt, wie es wäre, irgendwann ein eigenes Pferd zu haben. Bis ins kleinste Detail habe ich mir ausgemalt, wie es sein wird, wenn ich eines Tages meinen Traum lebe ...
Und heute merke ich vor allem in den ganz kleinen, kurzen Momenten, wie groß mein Glück ist. Es sind ja oft nicht die RIESENglücksmomente, sondern die vielen kleinen Begebenheiten, die uns glücklich machen.

Ich bin zum Beispiel glücklich, wenn ich merke, mein Pferd erkennt mich und kommt zu mir. Am Anfang konnte ich Ginis Namen rufen, und sie hat sich nicht vom Fleck bewegt. Heute steht sie mit vielen anderen Pferden auf der Weide, und wenn ich sie rufe, dann dreht sie sich als Einzige um und kommt auf mich zu! Solche Momente berühren mich sehr.
Ich erinnere mich auch gut an einen Morgen, als Gini noch auf der Wiese lag und einfach liegen geblieben ist, als ich kam. Ich konnte mich ihr nähern, und sie hat es vertrauensvoll zugelassen, dass ich mich zu ihr setze und sie streichele ... Das ist eine Erinnerung, die mich auch heute noch zu Tränen rührt.

Für mich ist das das ganz große Glück.
Witzig ist ja auch, dass ich nie einen Braunen wollte, aber Gini ein Brauner ist. Manchmal erfüllt dir das Leben deine Träume eben auf andere Weise, als du ursprünglich gedacht hast. ;) Man muss auch ein bisschen offen sein für das, was man bekommt und was einen findet.
Gleichzeitig habe ich mir die Erfüllung meines Traums nicht nur in meinem Kopf vorgestellt, sondern auch alles dafür getan, dass er wahr werden konnte: Ich habe es allein geschafft, mir alles rund um mein Pferd zu finanzieren. Ich habe mir Wissen angeeignet, viel recherchiert, viel mitgeschrieben, mich stark mit dem Thema beschäftigt, ein eigenes Pferd zu haben ... Nur davon zu träumen reicht nicht. Man muss die Erfüllung seines Traums auch aktiv anpacken. Deshalb ist mir auch die Schule so wichtig: Wenn man gute Noten hat, dann öffnet das einem die Türen. Aber wie bei allen Dingen ist es auch hier so: Man kann die Türen immer nur selbst öffnen. Man muss sich hinsetzen und lernen.

VORBILDER HABEN – UND DANN SEINEN EIGENEN WEG GEHEN

Ich habe mir ja früher ganz viele Videos von anderen Pferde-YouTubern angeschaut. Ich finde es wichtig, dass man sich dafür interessiert und auch vergleicht: Wie machen es die anderen mit ihrem Pferd? Was ist für mich hilfreich? Was eher nicht? Und dennoch war mir immer klar: Ich möchte mein eigenes Ding machen. Ich möchte niemand anderen kopieren und etwas nachmachen – ich will meinen eigenen Traum leben und ich selber bleiben! Ich wollte mein eigenes Pferd haben und mit diesem Pferd ein eigenes Leben entwickeln.

×

MEIN NÄCHSTER TRAUM?

Also, es gibt da tatsächlich schon den nächsten Traum in mir. Er hat einerseits nichts mit Reiten zu tun und andererseits doch ein biss-

chen: Auch dabei erlebe ich das Gefühl grenzenloser Freiheit und Unabhängigkeit ... Ich spreche vom Motorradfahren und einem eigenen Motorrad! Schon als Kind mochte ich das Geräusch und das Fahrgefühl. Das ist einfach cool!
Ein ganz praktischer Grund, der für ein Motorrad spricht, ist, dass ich damit dann selbst zu Gini fahren könnte und mein Dad mich nicht mehr hinbringen müsste. Denn es ist manchmal schon ein bisschen nervig, dass man sich immer fahren lassen muss – auch wenn ich die Zeit mit meinem Dad im Auto sehr genieße. Mit dem Bus zu Ginis Stall zu fahren oder mit der Bahn würde wiederum viel zu lange dauern. Wenn ich ein Motorrad hätte, wäre ich viel freier in der Entscheidung, wann ich zu Gini fahre.
Mein Bruder, der 20 ist, hat ein Auto, und meine Stiefschwester hat auch ein Motorrad. Ich bin immer ein bisschen neidisch, wenn ich sehe, dass die beiden einfach einsteigen oder sich draufsetzen und losfahren können, wohin sie wollen. Klar, meine Eltern sehen natürlich auch das größere Risiko, das ein Motorrad im Verkehr darstellt. Aber beim Reiten gibt es schließlich auch Gefahren. Und außerdem ... man muss doch Träume haben!
Jetzt kennst du also schon meinen nächsten Traum. Wer weiß, vielleicht gibt es ja auch dazu irgendwann mal ein Video. ;)

Und jetzt sage ich: Das war's erst mal mit meinem Buch.
Ich wünsche dir, dass du auch einen Traum hast und dass du ganz fest daran glaubst, dass er irgendwann wahr wird. Tu alles dafür, dann wirst du deine Träume auch eines Tages leben.

Mia

Mein MINI-PFERDE-LEXIKON FÜR dich:

ABTEILUNGSREITEN

Abteilungsreiten heißt, dass mehrere Pferde geschlossen zusammen reiten. Alle Reiterinnen und Reiter schließen sich einem Anfangspferd an und halten eine Pferdelänge Abstand ein. Abstand halten ist wichtig. Beim Abteilungsreiten gibt es verschiedene Kommandos. Eine besonders schöne Form des Abteilungsreitens ist die Quadrille: Mehrere verschiedene Figuren werden durch die anderen Pferde hindurch geritten. Die Quadrille zu reiten ist sehr anspruchsvoll, macht aber sehr viel Spaß und sieht beim Zuschauen toll aus.

AUSBINDER (AUSBINDEZÜGEL)

Ausbinder sind Lederriemen, die auf beiden Seiten am Sattel angebracht werden. In der Mitte haben sie oft einen eingenähten Gummiring, um sie elastischer zu machen. Mit einem Karabinerhaken werden sie in die Trensenringe eingeklinkt. Ziel ist eine gerundete Halshaltung des Pferdes. Nachteil ist, dass Ausbinder beim Reiten nur eine begrenzte seitliche Biegung zulassen. Außerdem werden die Pferde dazu verleitet, sich auf dem Gebiss abzustützen.

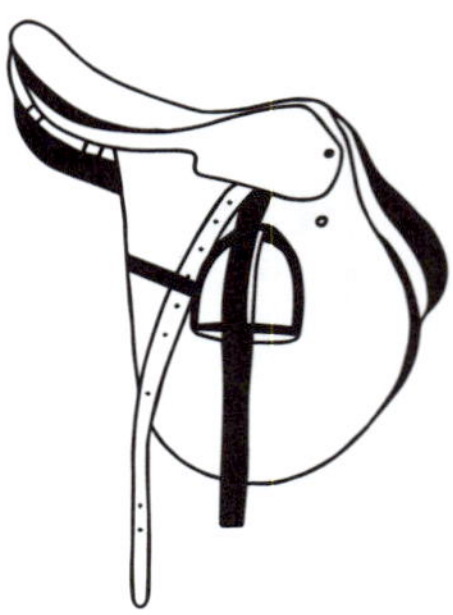

BANDAGE

Bandagen dienen als Schutz für die Fesselgelenke des Pferdes. Sie müssen richtig sitzen und dürfen nicht zu eng gewickelt werden, damit die Blutzufuhr nicht gestoppt wird. Zu locker dürfen sie aber auch nicht sein, da das Pferd sie sonst verlieren kann und sich selbst und auch die Reiterin oder den Reiter (z. B. bei einem Sturz) verletzen kann.

BERITT

Das ist die Ausbildung eines Pferdes, z. B. im Dressur- oder Springreiten. Manche Gestüte bieten den professionellen Beritt eines Pferdes an, wenn die Reiterin oder der Reiter das Pferd selbst nicht ausbilden möchte oder kann.

BODENARBEIT (AUCH BEKANNT UNTER DEM BEGRIFF FREIHEITSDRESSUR)

Der Begriff Freiheitsdressur stammt aus dem Zirkus. Bei der Freiheitsdressur arbeitet man vom Boden aus mit dem Pferd. Der Mensch gibt dem Pferd mit der Stimme, mit Handzeichen oder mit der Gerte Signale und Kommandos. Das Pferd lernt, diese Kommandos zu verstehen und darauf zu reagieren (z. B. Stehenbleiben, Zurückweichen). Die Bodenarbeit ist sehr wichtig, um erst einmal das Vertrauen und den Respekt zwischen Mensch und Pferd aufzubauen. Das erleichtert das Zureiten und die weitere Ausbildung sehr.

BRAUNER

Ein Brauner ist ein Pferd mit braunem Fell, schwarzer Mähne und schwarzem Schweif.

DURCHS GENICK REITEN

Das Genick ist der höchste Punkt des Pferdes, wenn es den Kopf beim Reiten senkt. Das Genick liegt direkt hinter den Ohren. Wenn man als Reiterin oder Reiter das Gefühl hat, dass die eigenen Hilfen nicht durch das ganze Pferd hindurchgehen, sondern irgendwo im Pferd »stecken bleiben«, kann es daran liegen, dass das Pferd nicht durchs Genick geht. Geht es durchs Genick, hat man das Gefühl, dass eine Verbindung vom Maul bis zur Hinterhand besteht. Die Hilfen fließen dann sozusagen durch das ganze Pferd hindurch, ohne Blockade.

FLEHMEN

Beim Flehmen hebt das Pferd die Oberlippe an. Es sieht dann so aus, als würde es lachen. Meist flehmen Pferde, wenn sie bestimmte Gerüche wahrnehmen, z. B. Geschlechtsgerüche.

GALOPP

Die schnellste Gangart, die ein Pferd laufen kann. Beim Galopp gibt es eine kurze Schwebephase, in der alle vier Hufe des Pferdes in der Luft sind.

HAFLINGER

Die Haflinger gehören zu den Ponyrassen bzw. Kleinpferderassen. Haflinger stammen ursprünglich aus dem Gebirge. Deshalb sind sie sehr robust und werden daher gerne zum Reiten eingesetzt.

HORSEMANSHIP (VOM ENGLISCHEN HORSEMAN: PFERDEMENSCH)

Horsemanship bezeichnet die Kunst der freien Kommunikation zwischen Mensch und Pferd sowie den fairen Umgang mit dem Pferd. Im erweiterten Sinne umfasst der Begriff auch die artgerechte Haltung und den fairen Umgang mit den Mitreiterinnen und -reitern. Bei manchen Wettbewerben wird die Horsemanship auch während der Prüfung bewertet.

ISLÄNDER

Das Islandpferd (auch Isländer oder Islandpony

genannt) ist eine ebenfalls sehr robuste Pferderasse, die aus Island stammt. Ihr Körperbau ist kräftig, daher können sie auch von Erwachsenen geritten werden. Islandponys beherrschen nicht nur die Gangarten Schritt, Trab und Galopp, sondern auch noch Pass und Tölt.

LONGE

Eine Longe ist eine Leine. Wenn man das Pferd auf einer kreisförmigen Bahn laufen lässt, während es an einer Longe geführt wird, heißt das Longieren.

MAUKE

Mauke ist eine bakterielle Hautentzündung in der Fesselbeuge des Pferdes. Die Erkrankung tritt vor allem an den Hintergliedmaßen bei Pferden mit langem Behang auf.

PADDOCK-BOX

Ein Paddock ist ein eingezäunter Auslauf. Er kann direkt an den Stall angebaut werden. So hat das Pferd, auch wenn es in der Box ist, immer die Möglichkeit, ein bisschen Auslauf zu bekommen. Im Winter, wenn die Pferde nicht oder nur kurz ins Freie können, ist ein Paddock sehr hilfreich.

PASS

Beim Passgang fußen die gleichseitigen Beinpaare – also rechts vorne/rechts hinten und links vorne/links hinten – abwechselnd auf. Das Pferd »fällt« dabei von einer Seite auf die andere. Beim Pass wird ein Pferd immer steifer, da es sich in dieser Gangart kaum biegen kann. Langfristig kann das zu Verspannungen und Schäden führen, ist also nicht zu empfehlen.

ROUND-PEN

Round-Pens sind runde, eingezäunte Plätze, auf denen man mit Pferden auf einer Kreisbahn arbeiten kann. Ein Round-Pen kann aus Holzlatten, Steinen, Planken und auch anderen Materialien gebaut sein. Die Größe kann 10 Meter Durchmesser bis zu 50 Meter Durchmesser betragen. Das Pferd sollte noch gut darin galoppieren können. Im Round-Pen können z. B. junge Pferde ausgebildet werden, auch mit der Longe oder ganz ohne Zaumzeug. Man kann Beziehungsübungen zwischen Pferd und Mensch darin durchführen. Auch verletzte Pferde oder Pferde mit Verhaltensauffälligkeiten werden im Round-Pen ausgebildet.

SCHABRACKE

Eine Satteldecke.

SCHIMMEL

Ein weißes Pferd.

SCHRITT

Der Schritt ist eine ruhige Gangart ohne Schwebephase. Das Pferd setzt die Hufe »diagonal-lateral« auf, also z. B. in der Reihenfolge: links vorne – rechts hinten – rechts vorne – links hinten. Die Bewegungen »überlappen« sich also ein bisschen, dadurch wirkt es fließend.

SCHWEIF

Der Pferdeschwanz.

SPANISCHER SCHRITT

Beim Spanischen Schritt hebt das Pferd die Vorderbeine abwechselnd weit und hoch an, die Hinterhand bleibt auf dem

Boden. Der Kopf des Pferdes sollte dabei nicht zu hoch oder zu niedrig gehalten werden. Der Spanische Schritt hilft dem Pferd, beweglicher zu werden. Unsicheren oder ängstlichen Pferden kann er auch mehr Selbstbewusstsein verleihen.

TÖLT

Der Tölt ist eine spezielle Gangart, die genetisch bedingt ist und nur bei bestimmten Pferderassen vorkommt, wie zum Beispiel bei Islandpferden. Tölt ist für den Reiter sehr angenehm, da er kaum erschüttert wird und ganz ruhig sitzen kann. Im Gegensatz zu Trab und Galopp hat Tölt keine Schwebephase, sondern wird komplett gelaufen. Die Schrittfolge ist dieselbe wie beim Schritt.

TRAB

Der Trab ist eine relativ schnelle Gangart, bei der jeweils das diagonale Beinpaar gemeinsam vorgeschwungen wird. Daher gibt es, ähnlich wie beim Galopp, eine kurze Schwebephase.

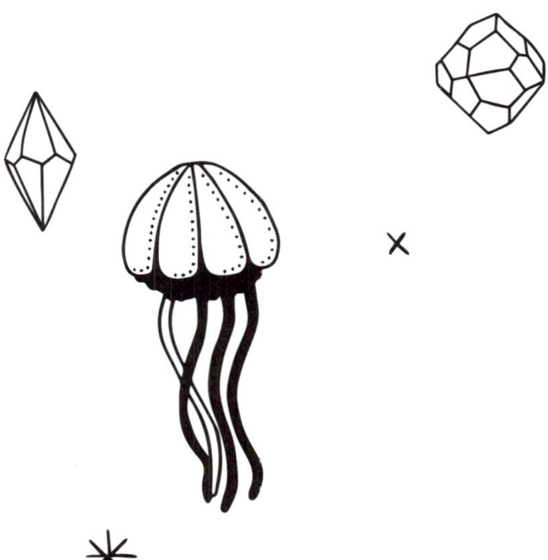

DANKSAGUNG ♥

Ich möchte mich bei all den lieben Menschen bedanken, die mich auf meinem Weg begleitet haben, die mich immer unterstützt haben, meinen Traum vom eigenen Pferd zu realisieren, die mir immer mit Rat und Tat zur Seite stehen, die sich für mich und mein (Pferde-) Leben interessieren und meine Videos schauen, die sich die Arbeit und Mühe machen, liebe Fan-Pages und Edits zu erstellen, die mir liebe Briefe schreiben, die mich aufmuntern und immer hinter mir stehen.

Danke an Christine für die tolle Zusammenarbeit beim Schreiben dieses Buches. Danke an Birte und den DRAGONFLY-Verlag, dass es dieses Buch überhaupt gibt und es mit so viel Liebe gestaltet wurde. Danke an Maribel für die wunderschönen Fotos im Buch.

Danke an Andrea, dass du mich so gefördert hast und mein Traumpferd für mich gefunden hast. Danke an Jenny, dass ich durch dich eine besondere Art des Umgangs mit Pferden kennenlernen durfte.

Danke an die vielen lieben Menschen, die ich in der spannenden Zeit kennenlernen durfte. Dadurch sind auch wunderschöne Freundschaften entstanden. Und vor allem danke für das Vertrauen, das ihr mir entgegengebracht habt, als ich bei den unterschiedlichsten Gelegenheiten auf euren Pferden reiten und springen durfte. Danke Anja, Hannah, Lea, Lia, Lisa, Maja, Maribel und vielen anderen.

Danke insbesondere an meine ganze Familie, natürlich meinen Dad, meine Mutter und meinen Bruder.

Und einen ganz besonderen Dank an all die lieben Pferde da draußen, die mich schon auf ihrem Rücken getragen haben.

Danke Gini, dass du immer auf mich aufpasst.

Mia